U0164675

謹以此書

獻給

—

我們摯愛的家人

何　凝

高偉良

高希信

高希賢

婚姻是
暖心的城堡

20 個微小行動，溫暖了彼此的心

何志滌、羅乃萱　合著

婚姻是
暖心的城堡

20 個
微小行動，
溫暖了
彼此的心

作者	何志滌 Peter Ho、羅乃萱 Shirley Loo
責編	梁冠霆 Lawrence Leung、黃婉婷 Josie Wong
書裝	奇文雲海‧設計顧問
出版	**印象文字 InPress Books**

香港火炭坳背灣街26號富騰工業中心10樓1011室

(852) 2687 0331　info@inpress.com.hk　http://www.inpress.com.hk

InPress Books is part of Logos Ministries (a non-profit & charitable organization)
http://www.logos.org.hk

發行	**基道出版社 Logos Publishers**

(852) 2687 0331　info@logos.com.hk　https://www.logos.com.hk

承印	雅聯印刷有限公司
出版日期	2023年7月
產品編號	IB712
國際書號	978-962-457-637-5

本書部分文章曾刊於《晴報》的「恩愛密碼」及《明周》的「安坐家中」專欄，
承蒙允許使用，特此鳴謝。

本書照片由 Andrew Tsang 所攝，承蒙允許使用，特此鳴謝。

刷次	10	9	8	7	6	5	4	3	2	1
年份	32	31	30	29	28	27	26	25	24	23

基道
BookFinder

印象文字
網頁

何志滌序

　　寫這篇序的時候，我才剛剛結束一段悠長且充實的十六日多倫多之旅。這趟旅程不僅讓我有機會到教會講道，更有幸與許多中學和大學時期的同窗老友歡聚一堂。然而，最打動我心的，卻是眼前那一對對展現出深深愛意的恩愛夫妻，他們像是一座座散發溫暖的「婚姻城堡」，充滿著力量與希望。

　　無疑，每座「城堡」都經歷了歲月的歷練和洗禮，只有透過持續且細緻的維護，才能保持其結構的穩固和堅韌。最觸動我心的，莫過於這些「城堡」在修護過程中所面臨的種種艱困，我曾親耳聽見他們最直白的心聲——「照顧疾病纏身的配偶真的很累」、「身為醫生，卻無法治好自己所愛的人」、「配偶好像認為我付出還是不夠」等。然而，即使遇到如斯困境，他們依然忠於對彼此的承諾，彼此相愛，不離不棄。在我眼中，每一座這樣「暖心的城堡」，都散發出獨特的溫暖氛圍，象徵著對愛情與忠誠最動人的見證。

　　「城堡」這種建築會引發人們對遠古時代的聯想，而將

「婚姻」比擬為「城堡」，則暗示了婚姻經歷了漫長歲月的洗禮與沉積。然而，有些人認為，隨著結婚的日子長了，愛情就會由最初的激情與熱烈，轉化成一種親情般的深深關懷；「暖心」這個詞，其實正好揭示了「親情」的重要性。「激情」或許只是「短暫」的火花，而「親情」則是真正體現了「愛的真諦」。因此，每一段婚姻欲成為「暖心的城堡」，都需要好好修護與維繫。誠然，一座「城堡」可以屹立不倒，每每需要付出極大的努力和代價，就如位於多倫多的卡薩羅馬城堡（Casa Loma），它原是上世紀初由一位富翁所建，經過百多年的不斷修護，現今才成為多倫多的其中一個熱門「打卡點」。

確實，將婚姻形容為「暖心的城堡」，是對其最美好的頌揚。如果我們能幫助每一對伴侶建立起如「暖心城堡」般堅不可摧的婚姻，肯定會大大降低年年高企的離婚率。我期盼本書能擔當指路人的角色，為夫妻們提供實用的建議，引領他們在人生的舞台上，共同投入努力與熱情，築成一座座屬於自己的「暖心城堡」。

羅乃萱序

——

寫這篇書序時，我們剛在多倫多完成十多場的講座，也跟很多認識數十年的老友重聚。

當中，有退休下來湊孫或遨遊四海的，也有全然因照顧上一代而選擇離職的，不過最讓我深深觸動的，是另一半身染頑疾，需要二十四小時的全天候照顧。

那天，見到他牽著她顫抖的雙手，出現在我們這羣老友面前，那句婚約的誓言：「無論疾病困苦，對你不離不棄」就如實活現眼前。這正正是中年婚姻很真實的一面。

愛，是一生學不完的功課。別以為結婚久了，就一定懂得怎樣愛。不同階段的人生，有不同愛的學習。

年輕時新婚，學習愛就是怎樣將彼此距離拉近，離開自我中心。

孩子出生了，愛就是婚姻、工作與撫養孩子之間的平衡，還有就是懂得抽時間相處，別讓孩子成為婚姻的第三者。

人到中年，子女離開，甚至成家立室。要學習的就是

放手，讓孩子獨立自主高飛，學習怎樣跟配偶相處，共度餘生。

現在，走進中年後期，就要好好學習，怎樣跟配偶共享黃金歲月。這些日子，人生的生老病死大場面，早已見識過，也不再見怪。在街上，常看見一些白髮蒼蒼的哥哥姊姊背影，手牽著手的，緩緩橫過馬路，就算斑馬線旁的汽車發出不耐煩的響安聲，他們彷彿與世無爭，聽不見似的。又或者見到推著輪椅的夫妻，有不少是男的推著女的……看見此情此景，我告訴自己：有一天，我們也要有心理準備，變成這樣。

這不是悲涼，而是未雨綢繆，對婚姻有另一種想像。

也在此時，重新翻看本書的文稿，發覺跟外子何牧師的文章，更是出奇地呼應合拍，滿有默契。更感謝編輯從中如穿針引線般的組合，娓娓讀來，就像是一對熟途壯馬（哈哈，還不願意承認自己是老馬）對後來者的忠告。看似平凡熟悉，卻是句句肺腑，字字窩心啊！

PART ONE
奇幻歷險

—

緊握對方的手，走過千山萬水，穿越風浪，

就會看見雲上太陽，總不離開。

01

抽時間拍拖

—

中年婚姻如死水？

QUALITY TIME

羅乃萱

"
享受彼此的同在同樂，看到彼此大笑開心，這正是夫妻恩愛不止息的要訣之一。
"

這天打電話給老友，想約他們夫妻一起品嘗大閘蟹，怎知遍尋不獲，WhatsApp 已讀不回。隔幾小時後才收到她的回覆：「抱歉！跟老公去了行山，地方偏僻，不便回覆。」原來兩口子退休後天天都在拍拖。不是跟老公去海濱跑步，就是帶乖孫去迪士尼，要不就是在市區尋找美食，真是羨煞旁人。

想當年他倆都是管理高層的大忙人，每天上班都忙得天昏地暗，上有高堂要照顧，下有兩個青春期的孩子，哪有時間拍拖？現在則不同，兒女去了外國唸書，高堂也進了老人院，是他們最黃金的恩愛歲月。

但我依然相信，無論任何年齡，婚後一定要保持那份對拍拖的渴慕與熱情，別讓雙方的關係隨著努力追求事業成就，又或生活重壓下，被消磨至平淡如水。

我依然相信，拍拖時間是逼出來的。每天少看三十分鐘手機，少打一兩個無謂訴苦電話，已經有時間騰出來，讓兩

口子可以出去跑跑步，喝杯咖啡了。

我依然堅持，一個星期至少要有一個上午、下午或晚上，兩口子外出拍拖。不一定要燭光晚餐，就算大家手牽手在海邊散步，或重遊昔日拍拖之地，上山頂看看日落，到咖啡店喝杯咖啡等等，都是不錯的選擇。

總之，就是要花時間讓夫妻一起玩樂，英文就是 have fun together。享受彼此的同在同樂，看到彼此大笑開心，這正是夫妻恩愛不止息的要訣之一。

有人說：「玩樂的作用猶如潤滑劑。」我絕對同意。尤其是每天活在緊湊密集時間表，被死線逼得喘不過氣的夫妻，更需要為自己創造一個拍拖玩樂空間，以免夫妻的關係被忙碌磨蝕殆盡啊！

何志滌

—

66 「不可停止約會」不僅是必須的,而且「約會」的內容也十分關鍵。 99

維繫夫妻感情的一個妙方是「不可停止約會」。然而,如何安排「約會」內容更為重要。剛結婚時,兩人尚能享受「二人世界」,安排「約會」相對容易。可是,隨著家庭成員增加,情況則大為不同。

回想女兒剛出生時,因為沒有經驗,看著初生的女兒,真的是手忙腳亂。記得女兒出生後的第一個結婚週年,外母特意安排了一家飯店,並願意為我們照顧女兒,讓我們好好享受一個二人世界的晚上。可是,我們無法放下對女兒的牽掛,匆匆用餐後便立刻回家,外母也拿我們沒辦法。

人們常說:「夫妻結婚愈久,愛情逐漸轉為親情。」這種說法不無道理,但若僅剩親情,雙方的感情便可能陷入危機。親情與愛情在本質上有所區別:親情可以是單向的,而愛情必須是雙向的。此外,愛情可以說是更為長久的,因為陪伴我們終老的人,往往不是父母或孩子,而是自己的配偶。

夫妻要維繫天長地久的關係，持續地彼此相愛可謂至關重要。因此，「不可停止約會」不僅是必須的，而且「約會」的內容也十分關鍵。當然，要讓雙方都能感到愉悅的約會成為生活日常，這就需要夫妻真誠地溝通，找出共同的目標，然後一起實踐。

　　聖經上說：「你們不可停止聚會，好像那些停止慣了的人。」（來十 25）作者強調每次聚會都是與神相遇的時刻，讓彼此更加了解。對夫妻而言，「不可停止約會」的意義難道不也是一樣的嗎？

中年婚姻如死水？

這天跟結婚超過二十年的她閒聊，談到夫妻關係，她居然這樣形容：「我們每天下班都累得要命，回到家裏就像兩棵被生活榨乾了的『菜乾』，攤在梳化上，動也不動！」言下之意，中年婚姻就是彼此厭倦，如一池死水。

最近讀了一本名為《婚姻的幸福科學：全球頂尖的婚姻研究，告訴你親密關係的奧祕與處方》（*For Better: How the Surprising Science of Happy Couples Can Help Your Marriage Succeed*；親子天下，2013）的書，當中提及一個「新奇理論」（Novelty Theory）的實驗測試，研究人員找來五十三對中年夫妻分成兩組，一組被要求每星期需花九十分鐘做些熟悉的、讓彼此開心的事，另一組則被要求花同樣時間，做些兩人都覺得「很刺激」的事。經過十週，那些從事「刺激活動」的，在婚姻上的滿意度高於從事「開心事情」的夫妻很多。

實驗證明，若夫妻們願意花時間約會，並加入一些新奇、好玩、有趣的元素，便能提升婚姻的滿意度。這些所謂的新奇活動，不一定是「笨豬跳」或「跳樓機」這類瘋狂玩意，而是共同體驗一些從沒試過的新事物：比如一起學跳交際舞、學畫水彩畫、做陶瓷，又或者去一個沒去過

的地方，欣賞一場藝術表演等。別小看這些點滴的相處，
它們其實是活化婚姻的助力。 ——————————————

02

分享日常瑣事

—

他／她是你的「靈魂伴侶」嗎？

EVERYDAY MOMENTS

羅乃萱

—

❝ 樂於分享日常瑣事瘀事,讓彼此的心靈緊扣相通。 ❞

這天跟友人在咖啡廳吃早餐,見到年輕的他跟她竟可暫時放下稚子,兩口子坐在窗旁喁喁細語,真是難得!

「不是說湊小孩很忙嗎?兩口子怎麼有空來喝咖啡?」

「剛送了他上歌舞班,趁著這一小時空檔,當然要抓緊時間享受二人時光啦!」年輕的她這樣回應。

完全同意!

很多時候,夫妻間的感情,其實正是被「忙碌」所吞噬。特別是有了孩子後,就會把專注力放在他們身上。記得她曾告訴我:「自從兒子出生後,我連打扮的時間都沒有,忙得要死!」那時就勸她夫妻間一定「不可停止拍拖」。

沒想到她真的聽了!別小覷這些生活點滴,累積起來就是夫妻恩愛的積分。曾讀過一個有關習慣的理論:「形成或改變一個習慣只需要二十一天。」

其實,我跟外子每天的工作都排得密密麻麻的,但晚上回到家中,必定會泡一杯南非博士茶(Rooibos),加上一片

低糖杏仁餅，輕鬆地交流當天的點滴，以及內心的喜怒哀憂等等。每天的這段美好時光，正是我們最期待的。

　　我們常聽到夫妻之間要多溝通，說歸說，還是需要生活上作出一些改變，這樣的平台才能建立起來。認識一對夫妻，丈夫愛打羽毛球，太太卻愛保齡球，最後太太竟然願意放下保齡球，跟先生一起上羽毛球班。問她為何願意轉變？原因是先生說：「打羽毛球消耗的能量較多，可以減肥啊！」就這樣，運動成了他們彼此溝通的平台。身邊還有一對退休夫妻，每天一起走一萬步，邊行邊聊。一個月下來，兩人都清減了，更擺脫了「三高」，也愈來愈恩愛。

　　請大家別被忙碌沖昏了頭腦，忘了搭建這個夫妻溝通的平台啊！

何志滌

—

" 我們很容易誤以為説話就等於「溝通」，然而有時候不懂得如何表達，反而會造成傷害。"

曾經目睹好幾對眾人眼中的「金童玉女」夫妻，突然間得知男方有了第三者，讓人難以置信。然而事實已經擺在眼前。為何會這樣呢？

我曾看到一位作家引述她母親的話，這樣描述一段關係的終結：「一段關係真正的結束不是壓力把誰壓垮、不是把愛弄丟了，而是兩個人停止溝通。溝通是很耗費心神的，所以當生活中的煩惱太多、現實壓力太大的時候，許多伴侶會選擇暫時放掉溝通這件事，但是情緒會累積、矛盾會累積，當兩人不再溝通的時候，就是在遠離彼此了。」（引自張西：《大概是時間在煮我吧》，三采文化，2022）

我們很容易誤以為説話就等於「溝通」，然而有時候不懂得如何表達，反而會造成傷害。因此，聖經一方面提醒我們：「這樣，舌頭在百體裏也是最小的，卻能説大話。看哪，最小的火能點著最大的樹林。」（雅三5）另一方面也教導我們：「污穢的言語一句不可出口，只要隨事説造就人的

好話，叫聽見的人得益處。」（弗四 29）使徒保羅提醒我們要說「造就人的好話」，讓聽者獲得「造就」和「益處」。以下是說「好」話的三個祕訣：

1. **怎樣說**：我們的語氣。
2. **何時說**：合適的時間。
3. **何地說**：合宜的地方。

《別人怎麼對你，都因為你說的話》（平安文化，2022）的作者黃啟團，他在書中提到：「有人說，每個人內在都住著一個天使、一個魔鬼，這個人是天使還是魔鬼，要看你喚醒了哪一個。為甚麼有些人是『發光體』，有些人是『黑洞』，因為前者的語言總是能喚醒你心中的天使，而後者喚醒的是你心中的魔鬼。」

他／她是你的「靈魂伴侶」嗎？

　　美國前總統奧巴馬在結婚週年紀念那一天，寫下這些話給他的摯愛：「過去的二十九年裏，我喜歡透過世界來認識妳……作為母親、律師、作家、第一夫人和我最好的朋友，我沒法想像生命中沒有妳的時刻。」不錯，米歇爾是他的靈魂伴侶。

1.　**不用言傳的相知**：一同生活多年，大家對彼此的脾性、喜好和習慣都該一清二楚。就是那種「你動一下，我都知道你想要甚麼」的通透。

2.　**面對壓力下的默契**：疫情期間，彼此怎樣配搭合作，比如去超市時你負責買菜和肉，他負責買日常清潔用品，這類分工大家早已心知肚明。

3.　**未來目標一致**：明白孩子長大後有他們的家庭兼顧，夫妻早已定下運動、學習計劃，不讓生活因空巢或疫情而「停擺」。

4.　**建立共同好友圈**：大家樂意把自己的朋友介紹給對方認識，很多四人一起的飯局就是這樣建立起來的。

5.　**不隱瞞難處困境**：心中有不快感覺樂意向對方傾訴。即或不然，對方也可從眉頭眼額看出「配偶有心事」，

這就是不折不扣的靈魂伴侶之間的默契。

6. **我們的家人**：至於對待家人，更無分彼此。舉凡奶奶有病、外母需要幫忙等，都會自動自覺伸出援手。

夫妻是比翼雙飛鳥，也是心靈相通的伴侶，這是結婚多年的夫妻該共同努力的目標啊！——————

03

製造新話題

—

老公的嘴巴像罐頭？

SOMETHING NEW

羅乃萱

—

" 不要一見面就彼此埋怨，或數落對方。換個話題，希望能帶來一點曙光。 "

　　她一直跟我抱怨，嫌老公總是不進取，對工作也不投入：「每天下班回家，他就賴在梳化上，動也不動！肚腩愈來愈大，怎辦？」看來，她眼中的他像失去了前進的目標與動力。

　　「跟他去跑跑步，運動一下嘛。」「叫過多次，他就是搖頭！」她愈想愈氣，不過她也知道，每天不住的抱怨也不是辦法。

　　「試試跟他談談，根據這幾個範疇與他彼此商量一下，看看如何？」我遞給她看的，是一份我曾用過的「生命之輪自我評量」表，這份表格能幫助我們對生活的八個領域作出評估，那八個領域就是信仰、事業、金錢、物質環境、個人發展、健康與娛樂休閒、社交生活和家庭生活。我的真正用意是想他們夫妻倆有話題目標可談，不要一見面就彼此埋怨，或數落對方。換個話題，希望能帶來一線曙光。

　　如何展開對話？可以問問對方如果對這八項（若八項

太多，先選一兩項談也可以）為自己打個分數，以十分為滿分，看看會給自己打幾分？接著，夫妻倆也可以為彼此打分。得出的結果，就是將來夫妻可以好好談談，甚至跟進的話題。

記得多年前，我跟一對感覺前路茫茫的夫妻交談，將這八點給了他們。結果，丈夫選的是「健康與娛樂休閒之運動」，妻子選的是「信念培養」。他們每人都寫下了三個可實踐的目標，如健康目標就是一星期做三次帶氧運動，每次三十分鐘；不吃早點，一天只吃兩餐，還有就是戒喝可樂。而妻子的行動是，每個月讀一本勵志心靈書，每週寫一篇心靈札記，還有就是結交兩位充滿正能量的心靈好友。一年下來，這對夫妻的溝通增進不少，還可砥礪同行。

「你就看看他對哪一項有興趣，就推推他吧！」希望他跟她，從這次傾談中，找到共同的目標與方向啊！

何志滌

—

❝不要單單將焦點放在「二人」，更要學會怎樣培養成為「一體」。❞

台灣中央大學認知神經科學研究所所長洪蘭教授曾做過一次演講，通過實驗揭示女人思考的祕密。具體內容十分複雜，但簡單地說，就是「男生每天講七千字，女生每天講兩萬字」。所以，妻子最常抱怨就是：當交往的時候，男生可以天南地北地聊，結婚後卻變得十分寡言。

為何男人總是不喜歡說話？我想從兩方面來回應：

1. **坊間觀點：**一般來說，男人在辦公室說話比較多，所以有人認為他們那七千字在辦公室都說了。最重要的原因是男人喜歡談商業、體育、金錢和理性等話題，卻鮮會分享自己的內心感受。顯然，在家裏除了日常需求外，共同話題變少，說話自然會減少。

2. **個人觀點：**我認為應該將焦點從說話的「數量」轉移到對「質量」的關注，真正的對話必須有內容。當然，我不會否定閒聊的必要性，但對男性來說，閒聊似

乎沒有太大意義。不過，若夫妻能彼此退讓，嘗試了解對方所好，投入對方的世界，話題自然會增加，為何不試一試？

在剛過去的世界盃期間，出乎意料地，師母要求一起觀看決賽。當上半場阿根廷已經領先兩球，法國好像完全沒有還擊之力時，我提議不如休息。沒想到師母不肯，堅持觀看完。最終那場賽事可說是峯迴路轉，雙方要加時和互射十二碼定勝負。因為師母的堅持，我們兩人都非常享受這個過程，更為我倆增添了一個話題——「美斯」。

聖經說：「夫妻二人要成為一體」，明明是兩個人，怎能成為一體？那就是不要把焦點放在「二人」，而是放在「一體」，將你的興趣變成我的興趣，就會更容易「一體化」了。

老公的嘴巴像罐頭？

阿潔跟老公結婚多年，最不滿意的就是他不大愛講話。回到家中，不是坐在梳化看電視或閉目養神，就是回到房間對著電腦繼續工作。

「他的嘴巴真像一罐罐頭，怎打都打不開！怎辦？」她的形容真絕，事實上，這也是不少太太的「煩惱」。在家中，老婆永遠口若懸河，老公卻總是沉默寡言。對於那些難以與老公展開對話的太太們，可以怎樣做？

不少女士告訴我，愈是追問他，他就愈是逃避，這是無濟於事的。對！因為男人跟兒子都怕女人「打爛砂盆問到篤」的習性。當然，也有所謂「男人碰到難題，愛躲在洞中思考，自己解決」的理論。這也是準確的，在男子漢大丈夫的心中，有問題就要一力承擔，獨自想辦法，不會麻煩別人，更不想老婆擔驚受怕。「好，那日常生活的小事趣聞，他怎麼也不提？」哈哈，因為男人眼中的小事都是過後即忘，不值一提。不像我們女人，甚麼芝麻綠豆的小事都愛跟人分享。

不過，夫妻間的溝通還是必要的。想男人開金口，要找對時機。等他回到家中，身心安頓下來，吃完飯泡杯茶，兩口子好好坐下來聊聊。可以談談今日的見聞，説説兒女的功

課，問問公婆的身體狀況，話題還是有很多的。重要的是對答的態度，不要句句都是「你為何總是」、「你知不知道」等等帶著指摘口吻，嘗試用「我的信息」，例如「你今天晚了回家，我有點擔心呢！」讓老公能感受到我們的關懷。又或者問些「開放式」的問題，例如「今天跟同事在忙些甚麼」、「你的 project 進展得怎樣」。

有人說，要男人開金口的一大祕訣就是投其所好，比如他喜歡足球，你就問他曼聯的情況，保證他會對你滔滔不絕。不信，試試看！————————————

04

一起去學習新事物

—

濃情轉淡的魔咒？

LEARNING TOGETHER

羅乃萱

―

> 夫妻有了共同的興趣，共同的追求，從而生出的和諧與共鳴，是溝通難以替代的。

　　夫妻要同心又要同行，最好的活動之一，就是一起去學習新事物。

　　像她跟他，結婚多年，仍孜孜不倦地尋求新嘗試與突破。好像一起去學滑雪，學打高爾夫球，每逢碰見新事物，就會見到他倆眼睛發亮，樂於嘗試。

　　我年少的時候，老爸也曾這樣勸我，做人要不停學習新事物，否則就是浪費光陰。這句箴言，至今仍牢牢記著。所以跟外子年過半百有多了，仍在尋找新的事物學習。

　　就在一年多前，我們就一起拜師學唱流行曲。老師見我倆「那麼有心」，第一首要我們學唱的，就是極難的 *Endless Love*。單是在 YouTube 上聽這首歌，就把我倆嚇了一跳，音階這樣高，兩部又這樣難，可以嗎？

　　怎料老師說：「只要你們能唱好這首困難的歌曲，以後就沒有甚麼曲難倒你們喇！」說的也是。從用丹田呼吸發聲學起，幾個月後終於有點「起色」。某一天，我倆還在一個

音樂會合唱了這首歌。坦白説，歌藝麻麻，但勝在二人同行可以壯膽，也是一件好玩的事。

　　説了那麼多，只想鼓勵夫妻們，昔日拍拖的日子，大家會興致勃勃去學新事物，討愛人的歡心，現在為何不可以？比方説，一起去上油畫班，你一筆我一筆的學，挺有意思。又或者一起去健身，一起舉重，或一起跑步。説真的，二人同行總比一個人在撐好。當然，我非常鼓勵一起學習演奏樂器，如彈結他或吹色士風，也可以一彈一唱，一奏一和。

　　夫妻有了共同的興趣，共同的追求，從而生出的和諧與共鳴，是溝通難以替代的。況且到了孩子長大，各有各的家庭，正是我們該一起努力尋夢的開始囉！ Yeah ！

何志滌

"
愛情的持續有時需要夫妻倆建立共同的興趣和目標。
"

　　很多人都感覺到，在婚姻生活中，隨著時間的推移，感情會產生變化，從「愛情」轉變為「親情」。就如張曼娟女士在她的著作《以我之名：寫給獨一無二的自己》(天下文化，2020) 中提到，到底當愛情轉變為親情，是一種昇華還是退化？

　　我和師母剛結婚時，我告訴她有兩句話無論如何都不能說，那就是「離婚」和「老夫老妻」。為甚麼？很多時候，夫妻在吵架的過程中，「離婚」兩個字會衝口而出，即使只是無心之言。然而，如果經常掛在嘴邊，有天它可能會成真。千萬不要把「離婚」視為解決問題的方法，培養婚姻關係才是上策。這也意味著不要說「老夫老妻」，以為「老夫老妻」不再需要愛情，而這絕對是錯誤的觀念。

　　怎樣才能培養持續的愛情？以下三個信念至關重要：

1.　**相信愛情永固：**聖經提到「愛是永不止息」。這意味著彼

此的愛不會靜止在某個階段，而是可以不斷培養，即愛情是可以成長的。張曼娟在書中寫道：「年輕時聽見的最理想的愛情，是『以結婚為目的的戀愛』；一旦達到結婚的目的，又該如何安排愛情呢？婚姻從來不能保障愛情，一直都是愛情保障了婚姻。」這番話值得我們深思。

2. **相信持續成長**：愛情並非每天都是二人世界，因為人有不同的需要。愛情的持續有時需要夫妻倆建立共同的興趣和目標。記得在結婚二十五週年時，我們決定一起出版一本婚姻書，次年就推出了《姻上加恩》。五年前，因為要參加一個音樂會，我們夫妻就一起學唱歌。去年，根據醫生的建議，為了保持健康，我就定期跟師母一起做體操和打乒乓球。

3. **相信上帝大能**：我非常重視「婚前輔導」，過程中特別強調，男女雙方的關係是與他們跟神的關係成正比的。不要以為結婚後不再需要培養雙方的愛情，這是錯誤的觀念。聖經說「神是愛」，能更愛神的人必定會更愛自己的配偶。

我相信這三個信念，能讓我們享受更親密的婚姻關係，朝著「白頭偕老」的目標前進。

眼前這對夫婦雖已步入中年，但女的仍嬌俏明艷，男的仍挺拔俊秀。更難能可貴的是，他對她仍無微不至，知道她最近身子弱，便叮囑她小心飲食，她看著他跟我外子侃侃而談時，也不停跟我說她老公如何優秀。

看著這對恩愛夫妻，我的心就樂了，那頓飯吃得特別開心。「快點想想往後的日子，有何事情可以一起努力的？加油！」他倆是我欣賞的一對，因為他們沒被時間沖淡對彼此的愛，而且一直努力維繫。

別以為這是容易的事，心理學家布里克曼（Philip Brickman）和坎貝爾（Donald Campbell）早在 1971 年就提出過一個經典理論——享樂適應（hedonic adaptation）。套用在婚姻上，就是剛結婚時大家都濃情蜜意，但隨著時間流逝，經歷懷孕、育養孩子、空巢等刺激點，終會濃情轉淡。

怎樣才能避過濃情轉淡的魔咒？首先，二人要學習相互制衡，讓大家在生活中的大小事務上保有一份參與感。例如，在安排週末活動時，相較於「一方安排另一方跟隨」的模式，大家經過討論共同做決定會更投入。有時我們看似想要遷就對方，凡事把決定權讓給對方，反而失去表達真實自我的機會。

其次，我們還可以在關係中注重培養更高的自我效能感，即對自己應對生活挑戰的能力有更多信心。研究發現，當一個人的自我效能感較高時，他們也會有更高意願去維護感情。那麼，如何在關係中共同培養自我效能感呢？關鍵在於適度挑戰自我，例如遇到矛盾時，採取積極主動的態度，敞開心扉與對方溝通。此外，夫妻可以在日常生活中相互給予一些正向反饋，肯定彼此在關係中所作的努力，幫助伴侶提升自我效能感。

　　總之，在日常生活中保持主動，真誠投入，便可以在長久的親密關係中獲得幸福。————————————

05

執子之手一起度假

—

結婚週年不可忘

TAKE A BREAK

羅乃萱

> 到哪兒度假並非最重要，重要的是跟誰共度這段美好時光！

我跟外子都很喜歡度假，特別是外遊度假。有時趁公幹順道逗留，有時卻特意安排跟友好同遊。只是疫情一來，原定的度假計劃都化為烏有。悶悶不樂之際，友儕間開始了 staycation 熱潮。

這個說：「沒想到香港的旅館服務如此周到。」另一個說：「重拾那種『執行李』的感覺，真好！」聽得我倆心癢癢的。終於在某個長假期安排了三日兩夜「留港度假」。朋友一聽是長假期，便皺眉頭道：「一定會人山人海，酒店肯定爆滿！」

對！那天來到海洋公園旁的那家酒店，人龍長長，看來排隊 check in 需時。然而，旅館人員十分友善及超有效率，讓我們感受到賓至如歸的溫暖。旅館的泳池，的確人頭湧湧，但看到眾人久違了的笑臉，那種「一家人在一起」的天倫樂畫面，單看看也是賞心樂事。

至於我們，可以做的事多著：到旅館附近的沙灘逛

逛。那個清早，我們沿著海邊的路一直走，清風吹送，很寫意悠閒。

乘車到少去的那個大型商場消費購物。那個下午，我倆就在誠品逗留了好一會兒，看到心儀的懷舊小吃，如水泡餅、煙仔餅還有芝麻卷，通通買了下來送贈親朋。當然，也買了好幾本一看標題就想讀的書，其中一本就是《誰說一定要被喜歡才能被祝福》（墨刻，2020），隨心隨興，是開心的！

然後有一個晚上，跟摯友晚餐，細說相識相遇，深深感激他倆在患難中的扶持與同行。

這個假期更適逢生日，特意向旅館請求延遲退房，結果得到通融，經理更送來蛋糕祝賀，很有人情味。

所以，無論怎忙都要度假。其實，到哪兒度假並非最重要，重要的是跟誰共度這段美好時光！

何志滌

—

" 讓我們暫時停下來，觀看神創造的風景。 "

傳道書第三章提到萬物皆有定時，雖然當中並未明確提到「工作有時、放假有時」，但卻說：「並且人人吃喝，在他一切勞碌中享福，這也是神的恩賜。」（三 13）這意味著，神完全認同人需要找時間從勞碌中享受他所應得的，這是神所賜的福。

常常聽到教會中的弟兄姊妹說：「你們那麼忙，有時間放假嗎？」我們的答案是：「一定有。」我不否認我們在事奉上確實很忙碌，但師母行事一向很有計劃，我們會提前預留一些時間，特別是「結婚週年紀念日」或「生日」等特別日子，預訂酒店，享受兩天一夜的 staycation。最近，有朋友問我：過去三年，我夫妻倆去了多少次 staycation？我記得至少六次，但她說可能有十次！我們為甚麼喜歡 staycation 呢？因為這可讓我們暫時離開熟悉的家，放下手上的工作和手機，兩口子安靜地共度一整天，分享彼此的心聲，增進感情。

我們還有一個習慣，就是每逢結婚週年紀念日必到主題樂園騎「旋轉木馬」，提醒自己婚姻旅程就像「旋轉木馬」一樣，會有高低起伏，重要的是要牢牢抓住木馬上的柱子，讓我們保持安穩，不至跌落。神是我們婚姻的柱子，依靠祂，我們才能維繫一生一世的愛情。

　　神在創造天地後設立了「安息日」，讓我們停下日常的工作，單單專注仰望神。其實，staycation 對我們來說是一個「安息式的度假」，讓我們暫時停下來，觀看神創造的風景。

結婚週年不可忘

記得有一趟，跟友人談起怎樣慶祝結婚週年這個話題，沒想到他竟然道出一件往事，就是結婚初期他因為工作繁忙而忘了跟太太慶祝。那天晚上回家，頻頻跟太太道歉，太太的回應是：「沒關係！」他信以為真，過後連禮物也沒有補送。最後發覺太太原來十分十分介意，所謂「沒關係」只是嘴巴說說而已。到今天這年代，常聽到連拍拖日也要紀念一番，那結婚週年更是非紀念不可。

對男人來説，結婚週年紀念可是繁文縟節，愈簡單愈好，比如享受美酒佳餚、送上一束鮮花；又或者去太座喜歡的餐廳，兩口子吃得豐富飽足，然後送上手袋項鏈之類，最好不用花太多錢和心思。

對女人來説，卻完全不是這回事。結婚週年是大事，足以看出她在男人心目中的「位置」有多重要。她更重視男人的心思和細節，就是他怎樣細心鋪排，訂位吃飯，挑選一份令她喜出望外的禮物，甚至邀請友好一同慶祝。雖然跟婚禮難以相比，但其在女人心中的位置卻不遑多讓。

男人可能覺得每年都有這個紀念日，哪有這麼多心思？請看看臉書近日上載的各方好友結婚週年慶祝照吧！有化身成為大廚為太座炮製美食的，有預早訂了旅館跟太太慶

祝的，也有請了幾位至親好友來給太太一個大驚喜的……總之，點子多的是，問題在於你是否願意參考。

外子也在這功課上花了不少工夫。記得有年他跟著我去逛百貨公司，見到我站在一條披肩前看了良久卻沒有買，到結婚週年那天就收到這條披肩作禮物，至今仍好好保存在我的衣櫃裏，有空便看看。因為看到的不只是一條披肩，而是他那份濃濃的愛意！——————————————

06

讓另一半出去「放放風」

—

夫妻都需要 me time

ME TIME

羅乃萱
—

❝ 夫妻各有所好，各取所需，不一定要每件事都一起做，像個連體嬰般啊！ **❞**

　　恩愛夫妻是否需要常在一起，做甚麼事情都要共同參與呢？

　　年輕時拍拖，不少情侶都覺得這是理所當然的。既然相愛，就會爭取更多見面機會，渴望我喜歡做的事情他也要喜歡。只是到了婚後又是另一回事了，是嗎？

　　像他跟她難得有機會去五星級旅館 staycation。她抱著浪漫的憧憬，以為老公會陪她去酒店的美容館按摩，原來老公的腦海裏卻想著要去做健身。

　　「你不是說來這兒度假嗎？為甚麼要去做健身，不是浪費了這次假期嗎？」「我工作這樣忙，這陣子沒機會做健身，難得旅館有這樣的設施，又是免費的，不用簡直是浪費！但你的按摩可是要付錢的啊！」一個大好假期，兩口子就為了去按摩還是去做健身而吵了起來。其實，何不給大家兩小時自由時間，各自去做喜愛的事呢？

　　聽過一些太太說，最怕就是跟老公去度假時，對方忘形

地打機，要不就是倒頭大睡。那是男女對假期的不同期望與理解。對老公來說，假期就是隨心所欲地歇息，讓腦袋暫時休息。然而，對老婆來說，那可是期待已久的假期，一定要善用，睡覺就是浪費。

不過，更重要的問題是，對於假期的安排，為何不預先商量、彼此遷就來計劃呢？事實上，夫妻各有所好，各取所需，不一定要每件事都一起做，像個連體嬰般啊！

特別是當一方堅持要另一方遷就，而另一方卻不大情願，那就很容易為這些雞毛蒜皮的「一起」而造成許多無謂爭執。

恩愛夫妻不一定要朝朝暮暮一齊行動，休假時給彼此空間去做喜歡的事，比如一個學做麵包，一個去做健身，尊重彼此的自由空間。明白到夫妻的相處，可是重質不重量才對嘛！

何志滌

—

66 　只要能接受彼此的差異，願意改變，一生一世的婚姻並非遙不可及的願景。**99**

　　聖經教導夫妻是「二人成為一體」，意味著婚姻讓兩個人在靈魂、身體、心態和目標上如同一人，共同向前邁進。然而，在現實生活中，因著人與人之間的差異，以及婚後夫妻各自的忙碌，使得雙方未必有足夠的時間相處，往往造成許多問題，最終甚至離婚收場。治療專家丹尼斯‧恩斯（Deniz Ince）指出，「我們看到夫妻們經常因為沒有與對方花足夠的時間在一起而出現問題⋯⋯時間短缺是現代生活的特色，夫妻要努力並有效地計劃他們的時間，為對方騰出時間。在許多治療的例子中，這覆蓋了許多基本的問題。」然而，我也曾聽說過一對夫妻，他們總是形影不離，一起上下班、上教會，羨煞旁人，但最終還是離婚收場。這使我相信，夫妻相處中彼此實在需要保留一定的個人空間。那麼，如何在相處中找到平衡呢？以下三個建議，或許可以提供一些幫助：

1. **彼此信任**：夫妻經常在一起可以是「恩愛」的表現，但也可能是因為「不信任對方」。剛結婚時，我們可能認為夫妻應該時時刻刻黏在一起，一起看電視、一起睡覺、一起外出。但是，在結婚後，彼此都應該有自己的朋友圈，並不應該因為婚姻而斷絕與朋友的往來。

2. **學習獨處**：雖然人類是「羣體動物」，但學會獨處同樣重要。事實上，不同的信仰都鼓勵信徒獨處，因為在獨處時，人們可以放下手上的工作，反省自己的人生，甚至更了解婚姻的現狀。正如聖經所說：「先去掉自己眼中的樑木。」我們從而可以自我修正。

3. **制定原則**：夫妻間在相處和個人空間的平衡方面肯定需要調適，因此必須要清楚地溝通，制定一些讓彼此都感到舒適的原則。特別是與異性朋友相處時，必須小心謹慎，別讓配偶產生任何誤會，導致信任危機。

我的信念是：只要能接受彼此的差異，願意改變，一生一世的婚姻並非遙不可及的願景。

　————————　**夫妻都需要 me time**

　　記得曾看過一則網上貼文，講的是香港人到一所日本民宿度假，竟發現店內的一個大廳空無一物，連桌子椅子也沒有。民宿主人解釋說，這是給客人「放空」的，就是把纏擾的思緒放下，享受悠閒。

　　其實何止旅人，我們每一個人都需要一個空間，讓自己可以好好歇息，愛惜自己。

　　過往讀過不少有關男女大不同的書籍，大都提到先生下班回家，身心勞累，需要「空間」休息，要求太太多多體諒。同樣，太太也需要這樣的空間啊！特別是雙職婦女，下班回家已夠累，還要張羅晚餐，幫孩子溫習功課。不少雙職女性都說，當雙職媽媽比打兩份工更辛苦，更期望老公可以多多體貼。

　　那夫妻二人都需要空間，怎辦？那就需要彼此預先協調。比方說，下班回家後，最好讓大家都歇歇。不要一回家就催孩子做功課，可以的話跟孩子吃吃茶點，玩玩桌遊，吃過晚飯後再輔導功課。在教孩子做功課時，夫妻可以按各自的專長分工，通常爸爸負責數理科目，媽媽則輔導中英文。

　　至於夫妻之間的「空間」，最理想的是回家後一起把晚餐弄妥，要不輪流也可以。認識一對夫妻，老婆愛煮飯，老

公愛洗碗，到晚上講故事給孩子的時間，則一人輪一晚，讓配偶可以有自己的 me time。

這些空間的營造實在需要有商有量。聽過有些夫妻會提前一個月計劃。如果老公想跟「波友」聚聚，就會提前告知老婆，騰出一個月的兩個早上，可以單獨外出找朋友。太太也是如此，若想約閨密茶敍，也跟老公配合，老公甚至願意提早下班回家遷就。別小看這些空間，那是我們疼愛自己，讓疲憊的身心得以喘息的絕佳時機，一定要持之以恆啊！————————————————————

07

製造驚喜

—

女人的話愈簡單，其實就愈不簡單啊！

GIVING A SURPRISE

羅乃萱

"
女人要的其實不單是禮物，還要一份驚喜，
完全出乎她意料之外的別有「愛心」。
"

　　若女人跟你說，她不愛收禮物，那只是客套話，千萬別信！曾經在一個夫婦講座問過在座的太太們，喜歡老公送甚麼禮物？鮮花、朱古力、郵輪旅行、鑽戒，甚至千呎豪宅皆有之。當然，並非所有女人都有這樣的要求，有些只渴望一頓燭光晚餐，有些甚至只想收到一紙情書。

　　有一位男士告訴我，他已送了幾十年的結婚週年禮物，到了四十週年時想不出還能送甚麼，就問太太：「你最想要的是甚麼？」太太回應道：「老夫老妻，免了！」

　　他信以為真，到結婚週年那天兩手空空。然而，老婆卻買了名牌西裝外套給他，結果老婆被他的無「禮」氣得七竅生煙。「我跟你說不用買你就真的不買⋯⋯」「你明明是這樣說的嘛，我沒聽錯啊！」但他要明白，女人在「禮物」這件事上，往往口是心非。

　　但話說回來，女人要的其實不單是禮物，還要一份驚喜，完全出乎她意料之外的別有「愛心」。例子嘛，就像近

期熱門韓劇中的那位男主角，英俊瀟灑又懂得逗女人開心：仍記得其中一幕，描述懷孕的太太在深夜說了一句「想吃麵條」，老公二話不說，就跑到廚房拿麵粉來揉擀，做出超彈牙的麵條給老婆吃。看得太多連續劇，很容易將劇中人代入自己的老公，盼望有天他也能如此善解人意。

　　姊妹們！醒醒吧！那只是劇中的角色，現實中哪有如此浪漫，做人還是實際一點好。要體諒老公工作忙碌，記得買禮物已是難得，特別是人到中年，收甚麼禮物並非最重要，重要的是身邊人不離不棄的陪伴同行。不過，老公們也不應掉以輕心，生日和結婚週年這些重要日子，還是應該送上一份心意，逗逗老婆開心。

何志滌

—

" 「女人心、海底針」只是男人不願去理解女人的藉口。**"**

男女大不同是不爭的事實，其中最普遍的觀念是「男性較為現實、女性較為浪漫」。特別是在節日送禮物時，女方總希望收到驚喜的禮物，而男方即使費盡心思，也未必能讓對方滿意。我們常聽到「女人心、海底針」這種說法，那麼作為丈夫，如何才能知道妻子喜歡甚麼樣的禮物呢？男方往往認為禮物最重要的是「實用性」，否則就等同於浪費。不過，在我看來，了解妻子的需要才是最重要的。如果「女人心」真的如同「海底針」，那麼只要用心，一定能找到這根「針」。以下是我想給男生的三個建議：

1. **多一點改變：** 中國人有句諺言：「江山易改、本性難移。」然而，我認為只要有堅定的決心和神的幫助，人是可以改變的。因此，男人從現實轉向浪漫是可能的。

2. **多一點觀察：** 如何了解女性的需求？我相信有一個很好的方法，那就是夫妻一起逛街，不要各自去看自己有興

趣的東西。特別是丈夫，應多陪在妻子身邊，觀察她對哪些東西感興趣，尤其當她停下腳步，凝視某件物品時，這便可作為送禮的參考。

3. **多一點心思**：要讓妻子感到驚喜，不僅要了解她的需求，還要精心策劃怎樣送出、何時送出，以及怎樣包裝。當你願意花心思，定能讓妻子倍感驚喜。

其實，「女人心、海底針」只是男性不願去理解女性的藉口。只要用心，就一定能感動自己的另一半。如果丈夫能在這三個方面下功夫，夫妻關係必定得到加深，二人也會更加甜蜜恩愛。

女人的話愈簡單，
其實就愈不簡單啊！

　　這天他跟她到餐廳吃結婚週年晚餐，那是他預早訂位安排的。在柔和的燭光與悠揚的音樂襯托下，他拿起餐牌問她：「想吃甚麼？」

　　「隨便啦！」他聽了，信以為真，就跟侍應點了餐牌中價錢最便宜的特色晚餐。她一聽，臉色一沉：「你忘了我最愛吃龍蝦嗎？為何不點……卻點這個便宜的餐……」

　　「你不是說『隨便』嗎？」

　　類似的事件我也聽過不少。男人總是不明白，女人對自己想要的東西、想聽的說話，素來都是口不對心，不會直言。你問她想吃甚麼，她可能會說：「隨便啦！」想要甚麼生日禮物呢？她依然可能回答：「隨便啦！」那想去哪兒旅行？答案仍是：「隨便啦！」

　　女人口中的「隨便」，很少是真的任由男人擺布，大部分其實心裏有數，只是借此來試探男人，看他是否會「猜中」她的心意。又或者是當她費盡唇舌，希望男人能說出她想要的卻總不得要領時，就會洩氣地以「隨便啦」回應。

　　所以，聽女人的話不能單憑表面言詞，要看看她說話的表情、聲音語調，是輕輕鬆鬆的說，還是帶著晦氣說「隨

便」，兩者的理解可是大不相同。

　　當然，除了「隨便啦」這三個字之外，另外一個男人搞不通的溝通地雷就是「無所謂」。尤其是當男人答應女人要做甚麼事卻沒有照做（如忘了買生日禮物給對方），女人的回應是「無所謂」時，千萬別當真，那可能是她在難過失望時説出的洩氣話。請記著，女人的話愈簡單，其實就愈不簡單啊！————————————

PART TWO

暖心擁抱

—

每個人都需要被愛被擁抱，
我們的配偶更不例外。

08

家居斷捨離

—

累，就會出事！

DECLUTTER YOUR MIND

羅乃萱

—

"物質的累積要斷捨離,情緒的累積要找空間面對。"

這些日子,總是在收拾,或叫「執拾」。無論廚房的櫥櫃、冰箱,還有客廳書架等等,都來一個大收拾。

收拾的好處,是來一個盤點,看看自己有的,或買了多餘的,還有那些從沒碰過的等等。執拾的要訣,是把東西分類擺放,方便日後可以輕易找著。

確實,當我們有機會重新檢視家居的每一個角落時,才會發現有些東西買得太多,有些一直缺少,有些角落居然鋪滿了塵埃,還有些地方需要修補。原來在繁忙的生活中,這些細節都被忽略了。

那天,跟外子一起整理了久沒碰觸的「照片櫃」,把沒用的破損舊照丟掉,並將珍貴的好好放在一個鞋盒裏。當然,舊衣服、舊書籍等也都是夫妻倆共同努力的「大工程」。看見東西從凌亂變成歸一,好像很有成功感。

那早前為何沒有行動呢?因為內心有很多藉口,總覺得無法開始,無法克服。現在就讓我們跟這些所謂「藉口」

展開一場對話吧！好嗎？不要因為家居陳設擺放久了，就覺得無法改變。一天一小步的斷捨離，沒多久就看見家的「新貌」。人懶惰起來，就會累積不處理。

其實，人的情緒心情，也同樣需要不時收拾管理。物質的累積要斷捨離，情緒的累積要找空間面對；累積的怨氣最可怕，爆發出來更不可收拾。

我曾買過幾本有關整理家居的書來細讀，最近深得我心的一本叫《一日一角落，每天 15 分鐘，無痛整理術》（采實文化，2019）。作者沈智恩引用了日本專業整理師近藤麻里惠的一句話：「整理是人生的新起點，下定決心要整理的那個時候，就是和過去道別，向未來跨出第一步的最佳機會。」到底是哪種人需要把家居來個大轉變？作者就描述了以下的情境或心聲：如發現家裏有很多不用的東西、瑣碎的雜務、家居擺設一直沒變過、在家感覺疲憊、從外面回來看見雜亂的家先歎口氣、對屋內擺設失去興趣等。如果中了其中四項或更多，那就表示你的生活已進入倦怠期，需要好好整理！

何志滌

—

" 當我們能以「斷捨離」的方式來培養婚姻關係，我們一定能夠實現「白頭偕老、永結同心」的美滿家庭。**"**

「婚姻」乃是神所設立的，神說：「人要離開父母，與妻子連合，二人成為一體。」（創二 24）神親自將夏娃帶到亞當面前，成為這對新人的主婚人。這也奠定了基督信仰對婚姻的看法：婚姻是神所配合，人不可分開。

我相信傳統對婚姻的理解並非「閃婚閃離」，而婚姻關係之能持續也並非必然，因為人與人之間的相處必定會遇到挑戰。因此，我認為培養一生一世的婚姻需要實踐「斷、捨、離」三點：

1. **「斷」掉過去感情的糾葛：** 現代人踏進婚姻前可能會經歷過多次約會，也就是說，婚姻中的配偶不一定是第一位情人。如果對前任的回憶仍然刻骨銘心，即使表面上看似已放下，但內心深處仍在期盼對方的身影，那是非常危險的事。因此，必須「斷」掉與前度的所

有聯繫，專注於與配偶的關係，更不要把前度與配偶進行比較。

2. **「捨」棄自己身上的陋習**：這裏所指的陋習包括脾氣、行為和口頭禪等。有時候，這些陋習會讓伴侶感到不舒服，甚至像刺蝟一樣刺向對方。因此，雖然去除陋習並不容易，但我們必須下定決心，以免影響婚姻關係。

3. **「離」開原生家庭的影響**：有人說：「原生家庭影響我們的性格、習慣、世界觀、人生觀和價值觀。」我們絕不能忽視原生家庭的影響。更重要的是，夫妻雙方都受到各自原生家庭的影響。因此，當神訂定婚姻制度時，祂說：「人要離開父母，與妻子連合，二人成為一體。」我相信神的意思是要我們清楚原生家庭帶來的問題，在培養自己的婚姻時，及時發現和修正這些問題，讓夫妻倆能同心合意，建立屬於自己的家庭。

當我們能以「斷捨離」的方式來培養婚姻關係，我們一定能夠實現「白頭偕老、永結同心」的美滿家庭。透過努力不懈地改進雙方的關係，我們將能夠活出真正幸福、穩定的婚姻生活。

累，就會出事！

這天，他帶著疲累的身心回家。妻子開了門，他二話不說就往梳化上倒頭大睡。「你不見我忙到一頭煙嗎？你竟然回來連招呼也不打就在梳化上睡覺，哼！」他睜開眼睛瞄了她一眼，又再睡。「你怎麼這樣不理不睬……」她實在忍不住了……

見過不少夫妻，開始衝突的原因都是很瑣碎的。更多時候是因為一個字：累。老公上班一整天，感覺疲累。當家庭主婦的老婆也是一樣，每天要兼顧的事情也很多。所以，當丈夫回家，兩個「累」人碰在一塊，不動肝火才怪。因為雙方已被疲累影響了情緒，很容易因一句話、一個眼神，就觸發軒然「大架」。

所以，首先要解決的，就是如何表達「累」。

若先生回家感覺「累」，可以跟太太說聲：「我很累，先閉目養神一下再談！」又或者，太太看到先生疲憊的樣子，就讓他「小休」一下，寧可遲些再吃晚飯。

「那他為何不能先體諒我？」試過這樣勸說，卻聽到如此的回應。「若想他能幫忙也要他夠精神啊，是嗎？」沒想到，她居然點頭稱是。

其實，一人少一句，事情就很容易解決。不過最根本的

還是要保證有充足的睡眠。彼此可試試改變每天的習慣，如少看一些手機（已可騰出不少時間），提早半小時上牀睡覺，或者下午小睡一會兒等等，讓大家養足精神面對晚上連串的家事。總之，人一累，就會脾氣差，脾氣差，就會看甚麼都不順眼，特別是身邊深愛的人。要小心啊！————

09

用愛心說話

—

溝通沒輸贏只有共贏

SHOWING EMPATHY

羅乃萱

—

" 我們常以為溝通的要訣在於傳遞的信息,卻忘記了「口氣」同樣重要。 "

那天接到她怒氣沖沖的來電:「我受不了他用這種口氣跟我說話,一點尊重都沒有!」「發生甚麼事?」

原來她老公晚歸,她等了一個晚上。到深夜歸來,她劈頭一句就問:「你去了哪兒?跟誰在一起?為何這麼晚才回家……」在一連串的盤問之下,他回了一句:「我去哪兒關你甚麼事?」就是這句話,讓她氣上心頭。

其實,他只是下班後,大夥兒一起去酒吧歡送將要移民的同事,一時忘記打電話報告行蹤,沒想到兩口子就為了這小事而大吵一頓。說穿了,還不是那個老問題:說話的語氣。

我們常以為溝通的要訣在於傳遞的信息,卻忘記了「口氣」同樣重要。同一句話「你回來了!」用嬌柔的、輕輕的語調,跟沉沉的、質問的語調,效果會很不一樣。

見過有些夫妻,因為丈夫或太太從事某種職業,跟人交談時容易帶著職場的口吻。比方說,當社工的,就很容易

不自覺地對配偶諸多提點；又或者是當老師的，一個不小心就會把配偶當作學生來教訓。當然，最糟糕的是見過有些太太，把老公當作「兒子」對待，口口聲聲「你再這樣我就那樣」，或對老公的所作所為指指點點，讓老公聽在耳裏，感覺不好受之餘，也會覺得自尊受損，聽到的話更是「左耳入右耳出」。

因此，別小看說話的口氣，口氣太大的話，聽者未必受落，即使溝通的信息沒有問題，但因為口氣不佳，就會大大減低對方的接受程度。還有就是，如果口氣大再加上得理不饒人的話，就更難讓人信服。也許因為他口才好，贏盡大小爭拗，但最終輸掉的卻是彼此的感情啊！

何志滌

> 用「愛心」說「誠實話」需要有同理心、尊重、諒解和寬容。

　　我們經常聽到這樣的抱怨:「我只是陳述事實,卻遭到對方的反擊,真是好心沒有好報。」確實,說誠實話非常重要,但更重要的是如何表達這些誠實話。聖經告訴我們,要用「愛心」說「誠實話」。若要如此,我們必須考慮以下三個問題:

1. **能使人願意聽**:俗語說「開口夾著脷」,意指講錯話或說了不合宜的話。事實上,讓別人願意聆聽我們的話是需要學習的,包括說話的聲調、語氣和心態。換句話說,我們有否用尊重和關心對方的語氣和態度來表達?

2. **能造就人**:使徒保羅說:「隨事說造就人的好話,叫聽見的人得益處。」(弗四 29)這節經文最常被忽略的是「好」字。人們容易說「造就人」的話,但在很多情況下,如果語境不合適或是使用負面和帶有情緒的詞語,反而會弄巧成拙,導致對方產生自我防禦。因此,

使徒保羅加上一個「好」字，提醒我們要在合宜的環境下，用尊重對方感受的語氣，以及冷靜客觀的言詞，說出真正造就人的話。

3. **能讓人持續成長：**人們往往不容易在短時間內有所改變。當我們以「愛心」說「誠實話」時，應給予對方足夠的時間去適應，並且需要持續跟進，接受對方改變需時，不應用自己的標準去衡量對方。

總之，用「愛心」說「誠實話」時，我們需要有同理心、尊重、諒解和寬容。對基督徒來說，還需要加上「禱告」，讓對方感受到真誠的關心和信任。在這樣的情況下，讓人從錯誤中回轉也並非難成的事。

　　夫妻間最常出現的日常衝突之一，很多時跟「駕車」
有關。本來駕車往往是男人的事情，但認識不少太太，她們
那手車也毫不遜於老公，認路更是她們的專長。男人認路
是記住街道名、看地圖，女人則是記住旁邊的建築物商店，
各有各的優勢。

　　認識一對夫妻，每逢面對認路爭拗，老公就會使出殺手
鐧：「如果你說這條路是對的，我把頭顱砍下給你！」老婆
一聽，當然不敢爭辯下去。結果，兩口子再有爭拗嗎？最近
打電話給友人查問。「不啦！他現在十之八九都信我的，因
為我認的路都很準。」

　　夫妻間的衝突爭拗，不是論輸贏，而是要找到求同存
異的共贏空間。說到如何尋找，最近拜讀暢銷作家約翰・
麥斯威爾（John C. Maxwell）的《與人同贏》（*Winning with
People*），談到人際衝突處理，其實同樣可應用在夫妻之間。
他強調「贏得關係比贏得爭論重要」。夫妻之間的爭拗，更
應該以此為原則。所以，當人與人之間出現衝突，他建議遵
循以下四個原則來緩和：

1.　**看全景**：不要光憑眼見，不要急著下結論，要聽聽、

問問，再聽聽、再問問才回應。

2. **看時機**：要把握對方真正願意聆聽的時機，然後再展開對話和溝通。更重要的是，懂得閉嘴，不要把錯的話説出口。

3. **看語氣**：説話內容跟表達的語氣和身體語言是密不可分的。如果真的想配偶聽到你的話，要留意語氣是否柔和，身體語言是開放接納而不是指摘的（例如避免用手指指向對方）。

4. **看時間**：麥斯威爾建議「用三十秒去表達感覺」，一旦過了就是囉唆，人家聽不進去的。─────────

10

表揚對方

—

他 / 她在你心中排第幾位？

PRAISING EACH OTHER

羅乃萱

—

" 兩個人彼此尊重，甚麼問題都可以解決。言語上的尊重，沒有人會嫌多的。 "

認識他倆已經有一段很長的日子，兩口子的恩愛更是羨煞旁人。有一趟跟他們夫妻倆逛街，無意中聽到她喊老公：「小吉，你在看甚麼？」然後老公就回過頭甜絲絲的跟太太說：「小雲，你過來看看……」

兩公婆明明都有名有姓，為何以「小雲」、「小吉」相稱？原來這是他倆拍拖時的暱稱，沿用至今。

至於認識的另一對夫妻，則是三五天一小吵。吵起架來，嘴巴都是不留餘地。有趟跟他們外出吃飯，老婆見到老公有甚麼不對勁，就會手指指的用「你」字來指摘：「你怎麼這麼不小心……」

兩對夫妻的相處，最大分別就在於「尊重」二字。

兩個人彼此尊重，甚麼問題都可以解決。一旦失去尊重，很容易就會一言不合，繼而扯火。

尊重，是很微妙的。不是口說「尊重」就代表真正尊重，很多時候不用講得這樣白，對方反而受落。

尊重，見於彼此的稱呼。見到配偶，是輕聲喊對方的名字，還是大聲吆喝？

　　尊重，也見於彼此溝通時的語氣。是硬繃繃不客氣的，還是柔聲細氣的，讓對方感覺舒服的呢？

　　尊重，也見於重視對方的意見。因為這個家是兩個人一同經營的，添置些甚麼當然要聽聽配偶的意見。

　　尊重，也代表著對彼此的欣賞讚美。見到老公換了一件新外套，不妨讚他穿起來「好帥」。老婆塗了新的口紅，不妨告訴她「這口紅讓你的笑容更燦爛」。

　　有人說，真正的尊重是看見對方做得好，立刻表揚他。回家看見老婆辛苦做飯，不妨說句：「在疫情期間看見你天天鑽研新菜式，很好吃呢！」

　　老實說，這些言語上的尊重，沒有人會嫌多的。

何志滌

> 「肯定的言語」是指願意說出「發自內心稱
> 讚對方、一些正面和鼓勵的話」。

　　蓋瑞・巧門（Gray Chapman）在 1998 年出版了《愛的五種語言》（*The Five Love Languages*；或譯為《愛之語：兩性溝通的雙贏策略》）一書。作者認為，這五種語言分別代表了人們「表達愛和接收愛時所用的不同方式」。因此，若能了解這些不同方式，就能避免誤會的產生，以為對方不愛自己。而這五種愛的語言之一，就是「肯定的言語」。

　　「肯定的言語」是指願意說出「發自內心稱讚對方、一些正面和鼓勵的話」。當然，年輕一代可以通過各種傳遞短訊的方法來表達這些「肯定的言語」。

　　相比年輕一代，我們這一代可以說是相對保守。我並不經常對師母說「我愛妳」，但我會說很多「肯定的言語」。以下是三個實際例子：

1. **師母的著作：**師母至今已經出版了超過七十本書，堪稱多產作家。每次她出版新書，我都會先睹為快，並給予

高度評價，以及對內容提出建議。

2. **師母的講道：**過去二十多年，師母應邀在教會講道的次數很多。每次預備講道時，她都會跟我討論，並樂於聽取我的意見。事實上，她在講道時的聲調、表達都非常出色，甚至她的發音比我更準確。我經常鼓勵她，使她能夠以講道祝福更多人。

3. **師母的胸襟：**師母相識滿天下，她不會吝惜將自己的人脈介紹給別人，以能成就一些事工。

無疑，神大大幫助了師母，給她恩賜以成就祂的工作。她也非常努力地讓自己成為更合乎神使用的使女。我深信，我對她的肯定也成為了她繼續前進的動力。我認為，夫妻或親子關係中，實在需要更多「肯定的言語」，讓家庭成員能共同成長與進步。

他 / 她在你心中排第幾位？

如果今天你在駕駛途中發覺車子爆胎了，你第一個想到打電話給誰？如果你在公司受了委屈，很想找人訴苦，你會想起誰？如果你的父母突然在家中暈倒要送醫院，你會想到向誰求救？每天碰到的開心事或不快事，第一時間想跟誰分享……

在我們心中浮起的臉孔（或名字），應該是我們的配偶。如果不是，那就得好好想想彼此的關係，是否如想像中的親密了。記得我在主持一些婚姻講座時，最愛用這些問題去讓夫妻評核一下自己是否看重對方，重視彼此的關係。

曾經聽過一位媽媽說，每當自己遇到甚麼疑難，第一時間想到的，就是打電話給自己的媽媽，聽聽她的意見，至於老公只是十分次要的人選，甚至排在好友之後。及後了解多了，才明白這位媽媽跟原生家庭有著糾纏不清的關係，深深影響了夫妻間的相處。1991 年，美國學者斯塔福德（Laura Stafford）和卡納里（Dan Canary）曾指出，一段「親密關係」的特徵有三點：承諾、喜歡與共享控制。承諾是指伴侶雙方都用心經營這段關係；喜歡是彼此的欣賞與喜歡的程度；至於共享控制，則是認同彼此都視對方為生命中重要的人。而本文談的正正是第三點「共享控制」的實踐。

曾聽過一位研究婚姻的學者說，恩愛的夫妻其中一個特徵，就是當彼此的知心友。生活中碰到任何疑難，都會第一時間想到打電話與配偶分享或分擔，這樣的夫妻多數能白頭偕老。反之，若一方有難，總是不大願意跟配偶分享，覺得對方太忙、根本無心裝載等等，那根本就是一個預警，告訴我們夫妻關係正在疏遠中，亮紅燈了。若不好好處理，對症下藥，夫妻倆便會愈走愈遠，後果不堪設想呢！——————

10.表揚對方

11

一個貼心的擁抱

—

家庭跟事業是可以平衡的

A WARM HUG

羅乃萱

—

> 男人常以為女人最需要的是物質的表示，其實，一句話、一個貼心的擁抱，我們已經心滿意足了。

母親節前夕，看到了一份關於「在職媽媽壓力」的調查報告，該報告揭示了雙職媽媽承受壓力甚至爆煲的五大原因，分別是：

1. **在家工作壓力增加**：因為在家工作的同時，還要看管子女；子女上網課時，更要當起「老師」及「電腦技術員」的角色，壓力倍增。

2. **疫情加重育兒責任**：家中防疫措施不能缺失，又擔心自己或配偶的工作不保，壓力巨大。

3. **女性持家觀念重**：男主外女主內的觀念仍根深蒂固，在職媽媽常陷入工作與家庭的兩難困境。

4. **全心顧家無 me time**：所謂 me time 即個人時間，原來不少女性覺得給自己多些私人時間（而非陪伴子女家人）會感到內疚。

5. **缺乏足夠的心靈支援：**調查顯示「55% 在職媽媽認為伴侶和家人的精神支持是重中之重」。

讀了這篇報告，不期然想到女人在忙碌愁煩中最需要的是甚麼？就是心靈的支持，包括說出口與沒說出口的。

說出口的話，如「知道你這陣子很辛苦，我有甚麼可幫你？」又或欣賞她的付出，如「你煮的菜很好味，是我們家中的廚神！」又如當她幫忙子女溫習後，可多加鼓勵「孩子有你這位媽媽補習老師，功課進步多了！」在她筋疲力盡、氣在心頭時，用身體語言如拍拍她的肩膀以示支持。如果感覺到她不想被身體接觸時，可用一個加油手勢，跟她說「我撐你！」等，只要說得合時合宜，對女人來說就是最大的鼓勵，勝過昂貴的鮮花或燭光晚餐。

男人常以為女人最需要的是物質的表示，其實，一句話、一個貼心的擁抱，我們已經心滿意足了。

何志滌

—

66 當夫妻回家後可以彼此問候説：「今天工作
順利嗎？一起加油。」或彼此擁抱一下。 99

　　傳統的家庭主婦常被形容為「出得廳堂、入得廚房」，
代表的是她們持家有道的能力，讓男人可以專心於外務而
無需操心家事。然而，隨著時代的演變，雙職母親比比皆
是，當妻子下班回家，仍需獨力承擔家務，面對的壓力無
疑非常沉重。假如家中的男人對此視若無睹，我相信這不
僅會引發很多不必要的爭吵，也將大大影響夫妻間的感
情。在此情況下，夫妻間必須重新關注以下兩種理念：

1. **互相體諒：**在「男主外、女主內」的傳統框架下，男
　　人下班後回家可能已疲憊不堪，有時因應酬回家很晚，
　　在這種情況下，妻子需要多一點體諒丈夫。當然，我並
　　不是説丈夫不需要體諒妻子，因為當家庭主婦絕非易
　　事。在「公一份、婆一份」的情況下，這種體諒就更
　　顯重要了。妻子在外工作同樣忙碌，假如丈夫仍舊以傳
　　統觀念對待妻子，那麼他就必須好好反省。我認為，

最關鍵的是夫妻雙方都要互相體諒。例如當夫妻回家後，他們可以彼此問候說：「今天工作順利嗎？一起加油。」或彼此擁抱一下。這些表達關懷的簡單行動，定能減少抱怨，並加深彼此的感情。

2. **互相分擔**：傳統上，家務的責任大多由妻子承擔。然而，神的心意是男女彼此配合，因為在神的眼中，夫妻是「二人成為一體」。家務實則是「家庭的事務」，夫妻作為家裏的成員，都應該承擔起家務的責任。使徒彼得曾說：「你們作丈夫的也要按情理和妻子同住（情理：原文是知識）；因她比你軟弱（比你軟弱：原文作是軟弱的器皿），與你一同承受生命之恩的，所以要敬重她。這樣，便叫你們的禱告沒有阻礙。」（彼前三7）一般來說，由於男人較為強壯，可以做一些較為粗重的工作，而一些不需太多勞力的工作，則可以由妻子來完成。當然，我們還得按個人的專長來分工。夫妻能夠彼此分擔家務，互補長短，這正是神的心意。

我跟師母在家務上的分工是很清楚的，也可以說是各展所長。例如：在廚房，一定是她煮菜、我洗碗；在客廳，則

是她負責掃地、我負責洗地；在睡房，她整理、我鋪牀等。另外，無論是誰完成某項工作，我們都會向對方說一聲「謝謝」，並給予一個「擁抱」。這樣短短五秒的表達，卻足以成為對方繼續前行的動力，何樂而不為呢？

家庭跟事業是可以平衡的

　　這陣子，姊妹圈都在一窩蜂的追看《三十而已》，連在職場打滾多年的她，也遊說我們說「非看不可」。經不起大家的三催四請，終於看了，然後發覺欲罷不能……

　　起初以為只是描繪上流社會的連續劇，原來是講三個不同階層但同齡的女人，在戀愛、事業和家庭中的拉扯拼搏之間，怎樣活得精采與充滿幹勁。其中最讓我振奮的一幕，是那位滬漂做到銷售主管的王漫妮，被來自香港的男友（也是浪子）拋棄後，選擇果斷分手，歸還所有對方送的高檔衣物，並拒絕前男友的追求，寧可獨自回鄉重新開始。看到此幕，我竟在電視螢幕前拍掌歡呼。

　　「喜歡這齣劇，因為這三個女人都很爭氣！」她們仨，沒有因為困境而哭哭啼啼撒嬌，又或因為失戀失婚而讓自己在情感上放縱，不管環境如何變遷，她們總能在連環打擊之下不屈不撓，再重新爬起來，正正是現代女人值得學習的典範。

　　記得在職場中，一位我十分敬重的女前輩講過：「做女人千萬不要扮可憐，乞求別人同情，一定要爭氣！」說這句話的前輩，至今仍是一個快樂的單身族。她對感情的看法是：寧缺勿濫。這也是我對不少「恨有對象」的姊妹們苦

口婆心的規勸。

　　對於已婚的，我就想起家母生前對我的訓誨：「女人也可以有自己的夢想與事業，家庭跟事業是可以平衡的。」所以從出來社會工作至今，我仍沒有停下來不工作呢！

　　爭氣的女人得到的是尊嚴，以及別人的尊重和欣賞。不爭氣處處仰人鼻息的女人，只能面對別人得寸進尺的攫取要求，以及一種難以擺脫的無奈與自卑。爭氣的女人，男人會看得起；不爭氣的女人，一個不小心就會成為男人的出氣袋啊！───────────────────────

12

注入欣賞的正面記憶

—

男女腦袋構造不一樣

APPRECIATE THE POSITIVES

羅乃萱

―

> ❝ 女人需要的正是這樣的理解和讚美，而非不理不睬的我行我素啊！❞

這天他下班回家，大概累了，很睏，脫掉襪子，倒頭就在梳化上呼呼大睡。她見到他這副德性，看到地上那雙臭襪，忍不住嘮叨起來：「跟你說了多少遍，襪子不要亂放，想睡就回房間睡，不要在梳化上睡……」

他當作耳邊風，照樣倒頭大睡。這趟她實在忍不住了，走過去把他拍醒：「醒醒，你聽到我在說甚麼嗎？你這樣子已不是第一次了，還記得那趟……」沒想到她的記性這樣好，可以把那些舊帳都翻出來。

他感覺自己的忍耐也到達了一個臨界點。那天，面對著沮喪的他，嘗試從「女人的腦袋」分析說起。

記得讀過一本書叫《機智夫妻生活：腦科學專家的配偶使用說明書》（大牌，2020），作者是日本感性調研公司執行長黑川伊保子，她提到：「女性腦具有一次掌握『首尾脈絡』的能力……她們可以一次在大腦的初級整合區展開數十年相關記憶」，意思就是，女性對那些陳年積怨或舊帳的

記憶能力超強。

　　當丈夫一旦失言或行為「失當」，女性腦袋的記憶系統就可以把那些前塵往事一一羅列，當然，那些「美好的回憶」也會長存她心底。正因如此，很多丈夫被太太突然問起：「我懷著第一個孩子時你去買過甚麼給我吃？」、「你還記得第一次拖手在哪兒？」等出其不意的問題，問得啞口無言。因為對男性而言，過去就是過去，舊事不須記啊！

　　那麼，怎樣能終止她的囉唆？答案很簡單：多給她的腦袋注入欣賞的正面記憶。即使你真的感到疲累，回家後還是先找機會慰勞她幾句，例如：「感謝你一直為這個家的付出，知道你很辛苦啊！」「你煮的湯，我一進門就聞到香味！」女人需要的，正是這樣的理解和讚美，而非不理不睬的我行我素啊！

何志滌

—

❝ 夫妻要忘記背後才能有新的開始，否則就會原地踏步。 **❞**

使徒保羅說：「忘記背後，努力面前的，向著標竿直跑。」（腓三 13～14）他為何要我們忘記背後才努力面前？那是因為，過去的成功或失敗，都將對我們未來的抉擇產生影響。過去的成功可能讓我們自滿，而過去的失敗則可能使我們感到沮喪，喪失前行的動力。然而，「忘記背後」的確不是一件容易的事。

在夫妻關係中，我們可以看到這種情況。每個人在結婚前，都有自己的故事，都經歷過成功和失敗。即使是在「約會」階段，還是會有甜蜜的時刻和困擾的時刻。由於男女大不同，特別在一些值得紀念的日子，女方可能銘記於心，而男方則可能因為較不上心而遺忘了。這讓我想起有一次，師母忽然問我：「我們第一次約會，我是穿甚麼顏色的衣服？」我知道師母的個性，如果我忘記了，她不會生氣，反而會告訴我答案。然而，很多夫妻可能會因為這類小事而發生爭執。

夫妻要有新的開始，就必須忘記背後，否則就只會原地踏步。以下有三個步驟，可幫助夫妻關係的成長：

1. **不要説不可能（Never Say Never）**：改變，確實容易讓人感到「冒險」，因為我們不知道結果會怎樣。尤其當面對社會變化時，我們必須調整自己，與時俱進。神的能力是無限的，有限的我們在基督裏仍是可以改變的。

2. **演進（Evolve）**：我們常説「不進則退」。人必須不斷進步，婚姻關係也是如此。無論你們結婚多久，又或者隨著年齡漸長而增加了角色身分，如從丈夫變為父親，再從父親變為外公，每一次的身分改變，都需要重新調整夫妻關係。實際上，隨著一個人的身分角色愈多，當中所牽涉的人際關係就愈複雜。但我相信，夫妻關係仍然是最核心的。如果夫妻關係出問題，親子關係和與第三代的關係也會受到影響。

3. **權衡（Weighed）**：我們常説「權衡輕重」。神給我們每人最公平的東西之一就是時間，都是二十四小時。因此，怎樣運用這二十四小時至關重要，這也是我們需要建立「優先次序」的原因。無論是「三代同堂」甚或

是「四代同堂」，夫妻關係的成長始終是最重要的。

　　以上三點的英文題目，第一個字母組成了"NEW"這個字，象徵著夫妻必須保持新思維，才能讓關係歷久常新。我與師母結婚四十五年了，我們仍然保持著新鮮感。即使有了女兒，她也不能成為我們婚姻的「第三者」。直到女兒成家立業，兩位外孫出生，我們夫妻倆更需要學會放手。當我們懂得放手，才能避免出現兩代的爭吵，也不會影響到三代之間的感情。

1. 女人對情緒很敏感，也很容易形之於「臉色」。男人聽到女人的問題，最先想到的是「解決方法」。

2. 女人的談話不需要主題，且常常跳躍。男人則話要投機，就是要集中焦點主題，因此往往不知道怎樣適應女人把話題跳來跳去。

3. 女人碰上困難逆境愛跟人（甚至不同的人）分享。男人則愛躲進自己的洞中（或小天地）逃離一下，思考怎樣處理。

4. 女人常希望配偶不說便會自動自覺去做，男人卻認為「妳跟我說，我就會做」。

5. 女人描述一件事情發生的經過，通常都鉅細無遺。男人則是簡簡單單，輕描淡寫一兩句帶過。 ——————————

13

給對方一個暱稱

—

愛之以情，待之以禮

BUILDING INTIMACY

羅乃萱

—

❝ 暱稱可以象徵著彼此的親密度，也是一種特別有愛的稱呼。**❞**

這天跟新婚的她喝咖啡。沒多久手機響起，她遞給我看，電話上寫著的名稱是：寶貝。心想，那是誰？她才剛結婚，不可能有孩子吧！怎知她一接電話即用甜絲絲的聲音說：「老公，找我嗎？我正跟好友喝下午茶呢！」看她的笑臉，就是一副新婚燕爾的陶醉樣。

常覺得夫妻間的暱稱可以象徵著彼此的親密度，也是一種特別有愛的稱呼。其實，夫妻間的暱稱除了「寶貝」之外，還有很多選擇呢。

老公 / 老婆：這可能是最傳統，也是最常見的稱呼。問題是一喊，可能有多人同時回應呢！哈哈！

親愛的 / my dear / honey：這些稱呼可能是年輕夫妻常用的，不過我也會用 my dear 稱呼我的好友。

豬豬 / 寶貝豬 / 可愛動物：這種稱呼容易跟孩子的暱稱混淆，有了孩子的夫妻可能需要做出調整了。

直呼全名：認識一些夫妻，喊老公時會直接叫出「陳

大文」這樣的全名，這可是獨一無二的稱呼，但總覺得缺了一種甜甜的親密感，也聽過有些夫妻吵起來會直呼對方全名，很不禮貌似的。

傻豬 / 傻瓜：這些喊法是明貶實「親」，喊起來絲毫沒有貶意，而且聽起來甜蜜蜜的。

XXX：這種叫法專屬於夫妻之間的特殊稱呼，可能源自他們喜愛的電影男女主角名稱，或一個他們覺得很能代表彼此的名字，又或者是名稱中的疊字，如晴晴。我跟外子就是用這種特殊稱呼法，從新婚至今都沒有改變過。

爸爸 / 媽媽 / 公公 / 婆婆：隨著身分的改變，就跟孩子或孫兒喊，免得他們無所適從。

夫妻間的暱稱，是彼此關係的一個溫度計。因為依然相愛，所以愈叫愈親近，也溫暖了彼此的心，更是一種夫妻間特有的恩愛密碼呢！

何志滌

—

" 結婚的年數並不是最重要，我相信每天都是
新的一天。 **"**

有心理學家說過：「隨著婚姻歲月的增長，夫妻間的愛
情逐漸轉化為親情。」這也是現實的寫照。許多時候，在要
填寫重要文件時，「親屬」的欄位，無不自然地會填上自己
配偶的名字，而這種被定義為「親人」的變化，會對我們
的感情產生微妙的影響。我也曾聽說，愛情的火花來源於我
們身體內部的荷爾蒙，而據研究發現，這種荷爾蒙分泌會在
兩個人最初相遇時活躍起來，但一旦與某人共度超過三年時
間，荷爾蒙就不會出現，也就是進入了平淡期。

我們的婚姻已經走過四十五個豐富的年頭，我們的女
兒已成為兩子之母，並建立起她自己的家庭超過八年了。對
我們來說，這正是所謂的「空巢期」。不過，我們卻學會了
放手，也學會了享受二人世界。我並不否認，隨著婚姻歲月
的增長，感情確實會從熾熱的「愛情」轉化為深深的「親
情」。可是，這並不代表「親情」就不能包含「愛情」。要
維持歷久常新的愛情，我認為有兩個祕訣：

1. **保持童真**：年齡只是一個數字，更重要是心境。結婚之初我跟師母已經約法三章，決不會將自己定義為「老夫老妻」，因為一旦提及「老」字，就彷彿已經沒有成長的可能性。或許在別人的眼中，我們已經是耆英了，但我們在每年的結婚週年紀念日，都會去主題公園騎一次旋轉木馬，偶爾也會去樂園玩「擲彩虹」，我們也五次獲得了「大獎」。保持童真的心態，在乎心境的轉變，而這種保有童真的心態，讓我們知道雙方的關係仍有成長的空間。

2. **擁抱改變**：人在成長過程中，無可避免會經歷許多變化，夫妻之間的關係也同樣會受到彼此的影響。我曾經是內向的人，但經過數十年的時間，我已經轉變為外向的人。我原本是個講求實際的人，現在也開始有了浪漫的一面。我們夫妻倆可以說更有默契。所以，不要輕易說自己不會改變，最重要的是願意改變的心。

不論是「愛情」還是「親情」，都不該受到年齡的束縛，更不要自我定型。只要堅信「神配合的，人不可分開」的婚姻關係，並好好地培養，使愛情歷久常新，則結

婚的年數並不是最重要的。這也是我反對「老夫老妻」這個觀念的原因，我相信每天都是新的一天。

愛之以情，待之以禮

「我跟他到現在仍然是以禮相待，就像新婚夜那樣。」聽到這樣的故事，現代人可能覺得不可思議，但我卻放在心上，反覆思考：一直覺得夫妻間的彼此尊重，就算多熟也要以禮貌相待，才是維繫婚姻的良方。

見過不少恩愛夫妻，在人前人後都尊稱自己的另一半，甚至親暱地叫聲老公、老婆。到過他們家中，那位老公見老婆感覺有點涼，就立刻幫她拿外套，老婆也會以多謝回敬。也見過一些夫妻，無論大小事情都要問過配偶的意見，不會獨個兒貿貿然行事。就如幾個已婚的閨密去旅行等事宜，惟獨她不理姊妹們的取笑，一定要問過老公才作準。凡此種種，都是重視對方的意見，也是愛之以情，待之以禮的體現。

只可惜現代人生活步伐急速，動輒就會向另一半發脾氣。用最差的面貌對待最心愛的人，變成「相碰如兵」。要扭轉這種頹勢，可以從一些生活細節的關顧做起，試試今天為心愛的他泡杯茶看看！

14

隻眼開隻眼閉

—

提點的話，該怎樣説？

TURNING A BLIND EYE

羅乃萱

—

" 做「百彈齋主」，老公只會感到很挫敗，一
點好處也沒有。 "

　　她是完美主義者，偏偏嫁了一個隨隨便便、藝術家脾性
的老公。拍拖熱戀的日子，完全沒有問題。大家一起逛逛畫
廊，看看電影，挺寫意的。不過，結婚以後問題就來了。

　　她對家中的每個角落都追求完美。比方書架上的書該怎
樣擺，朝哪一個方向，又或者洗過的碗碟該怎樣放，她都有
一套個人標準。對摺衣服的方式，更有一套個人的堅持，好
多次了，老公摺衣服的方式不合她的標準，她會把摺好的衣
服全部重摺一遍，以作示範。老公看在眼裏，當然不高興，
最後索性不理。其實摺衣服也可以有多種方式，擺放碗筷也
是，為何不各適其適呢！

　　這天聽到她盡吐心中怨氣，我忍不住說：「前陣子不
是說渴望老公幫忙的嗎？現在他幫忙了，你卻好像很不
滿意！」

　　「是啊！我寧願他不插手！」這是她的真心話？我不信！
　　作為老友的我，忍不住送了她六個字：「隻眼開隻眼閉！」

這就是夫妻之間忍讓的實踐。特別對於她這種要求高的人，除了她自己，相信沒有人能達到她的標準。

「不如這樣，你列出一個家務清單，認為老公勝任的家務，就請他幫忙！不過最重要的是放手讓他去做，即使不如你意，也隻眼開隻眼閉吧！」

希望她明白，與其做「百彈齋主」，老公只會感到很挫敗，做起家事更是心不甘情不願，大家關係也會愈來愈緊張，一點好處也沒有。倒不如來個清楚的分工，當老公幫忙換了燈泡、搭砌好書架，不妨讚他幾句：「家中有你真好！」說穿了，這就是夫妻之間應有的尊重。

其實，夫妻在家中是一個團隊，大家彼此合作補位，一家人才能相處融洽啊！

14. 隻眼開隻眼閉
123

何志滌

—

> 當夫妻雙方各自與神建立深厚的關係,「不同」的差距將自然地收窄而成為「相同」,彼此的關係也會愈來愈密切。

自從葛瑞博士(John Gray)在 2007 年出版了《男女大不同》(*Men Are from Mars, Women Are from Venus*)後,坊間就一窩蜂推出有關「男女差異」的講座。在這股風潮之中,探討如何處理由男女差異引發的困難,成為婚姻關係講座中的必要話題。

婚姻本身就是兩個不同的人要在同一屋簷下生活,這絕對不是一件容易的事。讓我在此提供維繫婚姻關係的三個祕訣:

1. **溝通和信任**:溝通不夠嗎,為何還要加上信任?很多婚姻問題不一定源自夫妻間的溝通不足,而是彼此缺乏信任,即使提升溝通技巧也無法解決問題。除非先有信任,溝通才能發揮其作用。

2. **坦誠與寬恕**:夫妻之間應該是最能坦誠相對的人,只是

如果對方犯了錯，我們又能否寬恕對方？寬恕並非易事，但卻是維繫夫妻關係所必須的。想想看，如果沒有寬恕，我們又如何能夠一生相伴？

3. **包容和禱告**：既然是兩個截然不同的人，為了培養終身的婚姻關係，便要學習包容對方，特別是接納對方的缺點，這是必不可少的功課。當然，每個人的忍耐都是有限的，在包容的過程中，禱告自是必不可少的。

我堅信，在夫妻關係中，我們不應過分看重彼此的「不同」，而應該更多發現彼此的「共通點」。更重要的是，當夫妻雙方各自與神建立深厚的關係，「不同」的差距將自然地收窄而成為「相同」，彼此的關係也會愈來愈密切。一生一世的婚姻，並非遙不可及的理想！

提點的話，該怎樣說？

曾訪問過一位夢想成真考上大學的年輕人，問他在追夢的路上，爸爸還是媽媽對他的影響最大。怎曉得他斬釘截鐵的說：「爸爸！」那媽媽呢？為何一點功勞也沒有？

「媽媽是啦啦隊隊長！」他抿嘴暗笑。「媽媽也是一直在鼓勵你的那個人啊！」

「是的！媽媽每天都說：做功課啦、溫書啦、吃飯啦和沖涼啦，天天都在『啦啦啦』，還不是啦啦隊隊長！」原來如此。

女人最難搞的行為就是囉唆，也就是年輕人口中的「啦啦」隊長式的敦促。我們總以為，每天的提點提醒只是例行公事，對方該是百聽不厭。所以每天老公出門，會對他說：「記得……」對兒女說：「要帶齊……」又或提醒家人「天氣寒冷，記得穿外套。」對加班回家的老公說「記得飲湯」等，這些本來都是出於關懷的叮嚀。只是，每天都是千篇一律那幾句就會令人厭煩了。也曾是啦啦隊隊長的我，試過不止一次聽到身邊人回應道：「知道啦！」那刻立刻「知衰」，知道是「講多咗」。

有前輩曾告訴我，那些提點的話不是不能講，而是要記得三個「抓」：一、抓住重點：長篇大論的話，少有人聽得

進去。最好一句起、兩句止；二、抓住時機：避開那些大家都趕著出門、累得要死想睡的時段。選那些彼此都有足夠精神去聆聽的「醒神」時刻，話語才能夠被聽進去，並牢記在心；三、抓住頻率：其實這些說話不用常常說，更不要天天說，說得愈少愈有效。

當然，更高招的是以不同形式來表達，讓人猜不透。明明是叫他喝湯但卻問：「今天的湯味道如何？」又或者「你最喜歡我煮的哪一道菜？」等，讓他摸不著頭腦，最好！────────────────────

PART THREE
夢想變奏
—

追尋那蠢蠢欲動的夢想？追尋那份同聲同氣的情誼？
讓日子不再一樣！

15

尋回戀愛初心

—

婚前輔導，一定要做！

REVISITING OLD DREAMS

—

❝ 愈是感覺時光飛逝，愈要珍惜彼此同行的當下啊！ ❞

做婚前輔導其中一個甜蜜的環節，就是邀請準備步入婚姻的他跟她，分享彼此邂逅與相愛的故事。這種初心往往是最美好的。

從事婚前輔導以來，聽了很多動人的愛情故事。但隨著他們婚後工作忙碌，又要湊仔，還有每天都要做家務，那種情懷已逐漸被吞噬。又或者，大家都覺得已經結了婚，還需要討彼此的歡心嗎？

絕對需要。只是勸歸勸，卻沒多少人會聽，更沒有多少人聽了後去實踐。怎料疫情一來，身邊的夫妻們竟一反常態，跟我訴說了很多舊夢重溫的片段。

像阿晴：「好久沒跟老公一同『煮飯仔』，我們最近一同合作煮了很多菜式，老公還煮了拍拖時我最愛吃的『可樂雞翼』呢！」

像阿亨：「那天跟老婆一起行山，那是我們剛開始拍拖時常去的地方，已經很久沒有再去了……這趟牽著太太的手

去，那些感覺好像又回來了。」

別以為結婚久了就是老夫老妻，忘了夫妻關係需要續燃，需要努力維繫。對我來說也是。雖然跟外子結婚超過了四十年，但這趟疫情一來，我們有機會一起做「減糖雪糕」，一起收拾家居，更重要的是一起整理舊照。

「你看，那時我們剛結婚，我多胖！」看外子拿著那張結婚沒多久的陳年舊照，一臉得意。因為如今的他已減了幾十磅，身體輕盈多了。

還記得那個下午，我倆一邊整理舊照，一邊緬懷當年……「現在回想起來，恍如昨日！」突然心有所感，對外子說。

「是啊，好像一眨眼就從二十歲跳到現在，好快啊！」說著緊緊抓住我的手。是的，愈是感覺時光飛逝，愈要珍惜彼此同行的當下啊！

何志滌

"我們正正是要透過婚姻去了解對方,怎麼可能會「因了解而分開」?"

我們的婚姻已經走過四十五個年頭,回想起新婚的日子,我跟師母約法三章,就是在任何情況下,「離婚」和「老夫老妻」這兩句話都不應掛在嘴邊。很多人都會理解為何「離婚」這個詞是禁語,因為在夫妻爭執,若其中一方常常輕易説出「離婚」二字,而另一方又衝口説出同樣的話時,事情就變得無法挽回了。雖然,開口提離婚的人,並不一定代表不重視婚姻;而那些絕口不提的人,也不見得就比較負責任。但我仍然相信,避免提及還是較理想的選擇。

確實,維持一段長久的婚姻並非易事。兩個不同的人住在同一屋簷下,摩擦和衝突是在所難免的。那麼,我們該如可化危為機?我想帶出以下三個提醒:

1. **擁抱差異**:來自不同成長背景的兩個人,不可能完全相同。這就是為何我們常聽到這樣的説法:「因誤會而結合、因了解而分開。」然而,我們正正是要透過婚姻去

了解對方，怎麼可能會「因了解而分開」？

2. **承認不足**：人是有限制的，世上沒有一個完全人。可是，人們往往容易看到別人的錯，卻不肯承認自己的不足。正如耶穌說：「看到別人眼中的刺，卻看不到自己眼中的樑木。」夫妻之間需要有寬容的心，正如中國人所說的：「宰相肚裏能撐船。」惟有當我們能承認自己的不足，才有可能成長。

3. **勇於改變**：中國人有句諺語：「江山易改，品性難移。」然而，我們相信神的大能，只要我們願意尋求神的幫助，生命就有可能被更新。

我與師母約會之初，已經發現我們在許多方面都存在巨大的差異，無論是性格上的「外向」與「內向」、對食物的喜好上，甚至是在送禮物的心思上。然而，在經歷了四十五年的相處後，我不斷實踐上述三個原則，這些差異已經不再那麼突出，這也是許多人認為我們有「夫妻相」的原因。我相信，只要我們珍視婚姻，我們就可以一直攜手共度人生。

他跟她已過適婚年齡，因參與網上婚姻配對服務而認識，一拍即合，覺得對方是可以長相廝守的人，交往一年後已決定要踏上紅地氈的那一端。但我這個旁觀者看在眼裏，也仗著是她好友的關係，大膽建議他倆去找婚前輔導。

「我們沒有問題，為何要找輔導？」他一聽就立刻反問。「不是說有問題才找婚前輔導，而是找一個專業人士觀察分析下，讓你們加深對彼此的認識，也加強面對問題的能力。」聽了我的解釋，他開始臉露寬容。

說真的，自從有機會認識婚前輔導是怎樣的一回事，就不斷鼓勵身邊準備結婚的年輕朋友去接受輔導。婚前輔導涵蓋的層面很廣，從談及二人如何相識相愛、為何準備結婚、原生家庭對人個性溝通的影響、大家的價值觀與理財觀，甚至處理事情的優先次序，還有生育、未來進修、婚禮籌備計劃等等，都會觸及，讓一對新人對未來的生活早做準備。有些婚前輔導更會進行雙方性格測驗，及早讓雙方知道彼此個性的優缺點，並提前知道兩個性格迥異的人住在同一屋簷下，會發生怎樣的衝突及怎樣解決等。

最近有調查顯示，本港近年離婚率已超過 30%，而再婚人士又佔整體婚姻數目的三分之一。研究進一步揭示，

若準備結婚的跟再婚者都能對自我更了解，對彼此關係更深入的反思，將有助婚後的適應。這樣說來，婚前輔導在現今世代不單切合時宜，更是準新郎新娘刻不容緩的的必修課。————————————————————

16

與 朋 友 聯 繫

—

夫妻需要共同朋友？

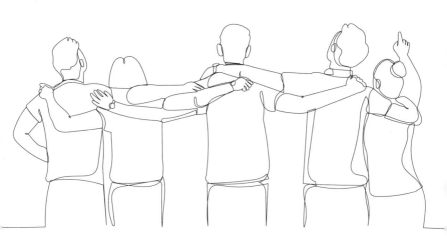

CONNECTING WITH OTHERS

羅乃萱

—

" 千萬別小看酒肉朋友，他們往往是夫妻間一道很好的黏貼劑呢！"

夫妻之間，需要有共同的朋友。這是我還在做婚前輔導時，給那些正等待結婚的新人的忠告。直到如今，對中年以後的夫妻，也是這樣彼此互勉。

友情中最難能可貴的當然是知心朋友。不過大家都忙，自顧不暇，哪有閒情交心？而且每次見面都推心置腹，並不是每個人都受得了。

隨著人過中年，愈來愈珍惜的反而是這十多年來建立的酒肉朋友小圈子。我們人不多，有九個。當中有一位是單親。大家相聚，只有一個字：吃。平日吃美食，秋天一定吃大閘蟹，我們九男女來自不同圈子，年齡相近，志趣相投，每一趟見面聊天都能暢所欲言。

試過一起旅遊，由最懂得安排的她負責行程，一路暢飲暢食，不亦樂乎！還記得我們很想再去一趟郵輪之旅，其中一位太太怕本來已過重的丈夫，坐了郵輪回來會體重暴增，要求他減磅才能參加。還記得當晚談得「羣情洶湧」，一同

要求「過重」的他減肥，好讓大家可以再次暢遊……實在很懷念這段日子，只可惜過去幾年疫情仍在，限聚仍存，彼此見面的機會少了。

原來身邊不少朋友在步入中年以後，都各自開展了不同形式的「酒肉」友誼，各適其適，例如有「行山組」、「看電影組」、「讀書會」、「打邊爐組」，哈哈，選擇多多！

這些友誼之所以能維持，皆因彼此之間沒有利害關係，見面的時候都是共享美食，談談孫兒近況，交換健康資訊，言談的交集自然多了，但又不需要凝重地掏心掏肺，多自由自在！

所以說，千萬別小看這類酒肉朋友，因著共同話題與成長背景，對食物的執著沉迷而彼此連結，更是夫妻間一道很好的黏貼劑呢！

何志滌

—

66 正確地看待食物,並學習分享食物,這才是耶穌真正的教導。 99

在華人社會,除了慣常的問候語「你好嗎」之外,我們也常會聽到「得閒飲茶」。當然,我們都會明白這多數只是客套話,通常不會兌現。既然如此,為何我們所說的客套話也總是與「吃」相關呢?最簡單的答案就是「吃」在我們一生中所佔的時間,僅次於睡眠和工作。網上提到英國人的平均壽命約七十九歲半,其中「吃飯」的時間大約佔7.6%。我們中國人在「吃」上所投入的時間,無疑會超過英國人。我認為,「吃」的重要性可以歸結為以下三點:

1. **維持生命:**食物無疑是我們生存的基本需要,所以主禱文才會說:「我們日用的飲食,今日賜給我們。」不過,基督教信仰也教導我們,在為一些很重要的事情禱告時,可選擇以禁食的方式來祈禱,但最重要是量力而行。

2. **社交應酬:**有人曾指出,在「四福音書」中,與「吃」

相關的經文超過一百處，其中包括婚宴、家庭聚餐、曠野的野餐和逾越節晚餐等。這顯示耶穌非常重視「吃」，並認為透過「吃」可以增進感情、分享信仰。因此，只要正確地看待社交應酬，它絕對可以成為傳福音的「預工」。當然，我們也要注意平衡社交應酬和家庭生活的時間，過度的社交應酬可能會對家庭生活產生負面影響，不可不察。

3. **打破隔閡：**過去十多二十年來，英國聖公會的啟發課程（Alpha Course）在全球相當受歡迎，它是一種傳福音的方式。這個課程的前奏是一起用餐，這正正是打破隔閡、建立友誼的好方法。

耶穌出道前，在曠野中禁食禱告了四十天，面對的第一個試探，就是要祂將石頭變成麵包。耶穌回答說：「人活著不是單靠食物。」我相信耶穌並不是在否定食物的重要性，而是提醒我們要正確地看待食物，並學習分享食物，這才是耶穌真正的教導。

————————————— **夫妻需要共同朋友？**

年輕的時候，我跟外子的朋友是「分開」認識的。可能因為大家的工作地點和性質不同，結交的朋友也不一樣。但隨著年齡漸長，愈來愈覺得交一些夫妻均認識的共同朋友是必要的。友人也告訴我，子女大了，有自己的家與孩子，臨近退休的他倆，愈來愈感覺朋友的可貴。只是很多人都說，年過半百，還有機會認識新朋友，有時間空間開始一段新友誼嗎？「絕對有！」友人斬釘截鐵的說。

「像我跟老婆最近愛上打乒乓球，在康文署的球場認識了一羣熱愛乒乓球的朋友，大家一星期相約幾天打球，不久就熟絡起來。」說的也是。屈指一算，我跟外子也有不少這類志同道合的好友，有的是食家，有愛行山的，有愛出海的，也有一些愛玩桌遊的。

「這種吃喝玩樂的朋友，也可以當朋友嗎？」友人一直怕交朋友，所以對友誼存疑。「其實很多深交的朋友，都是從吃喝玩樂普通的友誼開始的，要踏出第一步才會看見下一步啊！」「但你們這麼忙，哪有時間交朋友？」錯！

正因為工作忙碌，我們夫妻更需要朋友，因為他們常是我們人生旅途上的天使。記得最近因為到口罩店買口罩，得知該產品是一種特製滅菌口罩，身邊好友均大力推薦。沒想

到竟有機會認識老闆，一位年輕充滿幹勁的女士。更沒想
到的是，我的好友竟是她的好友，我們因為這位共同朋友
而變成好友，我連忙把外子介紹給她認識，就這樣開始一
段新友情。所以別說中年交不到朋友，問題只是我們是否
願意踏出一步，向對方伸出友誼之手啊！——————————

17

回家團聚

—

每逢佳節聚更親

FAMILY GATHERING

羅乃萱

— —

> 夫妻關係雖然重要，但別忽略對上一代的孝順與關懷，更不要在言語臉色上嫌棄他們啊！

母親節前夕，網絡上流傳著一篇名為〈母親寫給四個兒子的遺書〉的文章。讀罷，真有點心寒。傳來的友人覺得「這遺書寫得很真，道盡上一代的心情」。

遺書的內容很簡單，敍述一位剛過了八十歲生日、帶大四個孩子的母親，她本應在這個年紀安享晚年。怎知四個兒子在父親去世後態度大變，最初雖有輪流陪伴她，未幾已給臉色她看。就算回家探望，態度就是「來了，對我沒有一句話。走了，依然沒有一句話」，彷彿把家當成旅店……

字字入心入肺，也勾起我塵封的回憶。想起昔日媽媽在生時，我也是每星期都很忙：忙事業、忙照顧孩子、忙跟朋友打交道……就是沒留太多時間陪伴母親，以為來日方長。至她猝然去世，方知子欲養而親不在的悲痛。

滿以為到我們這代情況會有好轉，怎知跟身邊同齡的朋友聊近況，問到兒女是否有探望他們、問候他們近況的時候，得到的答案都是：「一個星期可以見一次面已經不錯，

孩子都很忙，通電話也是兩三句話而已！」

「我們都要看開一點！要有自己的朋友、生活圈子與夢想，不要老依附著兒女啊！」向來豁達的她，這樣規勸身邊「看不開」的友人。

「你們比我好多了，我一個多月都沒見過孩子跟乖孫，因為確診了。孩子把我看成異類，不讓我探望他們……」聽到她這樣被兒女嫌棄，真替她不值。

因此，近日有機會去主講有關夫妻婚姻的講座，我都刻意將與上一代的關係放進內容，希望大家明白夫妻關係雖然重要，但別忽略對上一代的孝順與關懷，更不要在言語臉色上嫌棄他們啊！

何志滌

—

66 最基本的，就是要安排定期回家吃飯。 99

1985 年，我正式回流香港，當時我們夫妻倆的父母都健在，照顧他們的責任也落在我們身上。最基本的，就是要安排定期回家吃飯。

對我來說，回港牧會並不容易，原因主要有三：

1. 我並非在香港接受基督信仰和神學教育，對於香港的教會情況所知甚少。
2. 我回港前在台灣宣教，對象主要是「大學生」。然而，回港後牧會的對象主要是在職人士。
3. 我過去並無牧會經驗，原本以為回港後可以跟隨一位師傅學習，沒想到鼓勵我回港牧會的前輩卻移民美國。

因此，我必須付出很大的努力，投入大量時間學習牧會，這使我在照顧父母方面很有虧欠。此外，當時我的父母還沒有接受基督信仰，這或多或少對我造成了一些壓力。

如果不常與他們見面，他們又如何能對信仰有更深的認識呢？我感到無比感恩的是，在有限的時間內，我會盡量抽時間回父母家吃飯，每隔一天通一次電話，加上有些親戚信了主，在多方面的影響下，兩年後我父母都接受了耶穌基督為他們的救主。

神賜給我們夫妻另一份恩典，就是在我們結婚十週年時賜給我們一個女兒，她的出生使我們的生活忙上加忙。在這個時候，我的父親已安息主懷，母親雖然年事已高，但身體狀況還算良好。不過，我仍盡可能每週都回到母親的家吃飯。

我深明「子欲養而親不在」的道理。即使我能力有限，我仍會盡我所能照顧母親。當母親九十歲時，看著她的身體逐漸衰弱，頻繁進出醫院，這使我倍感憂心。過了五年，在一個我本以為她可以出院的日子，卻收到醫院通知母親突然離世的消息，連醫生也無法解釋原因。家人當然很失望，本以為可以一起慶祝她出院，最後竟沒有機會聽到她的遺言。然而，望著母親安詳的臉龐，我相信這是神的帶領，讓她息了地上的勞苦，而我們也接受了這事實，成為了所謂的「中年孤兒」。但願那些父母仍健在的朋友們，珍惜當下，好好照顧自己的父母，以免留下遺憾。

　　無論怎樣，對我們這些幼承庭訓，聽從父母吩咐一定要家人團圓「做冬」的一代來說，到了歲末年終，還是會想跟家人共聚，吃吃喝喝，讓老的少的有一個共聚時光，也留下對「家庭」的美好回憶。

　　還記得父母在生的日子，老爸規定無論多忙，一個星期總要預留星期六回娘家吃晚餐，不得無故缺席。那時候工作纏身，總覺得老父這要求過嚴，但行之多年後卻成了一個習慣，不回娘家反而於心不安似的。而且見到老爸跟孫兒玩得開心的模樣，心裏也是甜絲絲的。

　　如今，我們的父母都不在了，時光飛逝，我與外子已成為「長輩」，我們也開始體會每逢佳節總想兒孫回娘家，那種全家人共敍天倫的深深渴望。因此，這趟歲首年終，不管疫情怎樣反覆，也要回家跟上一代聚聚吧！無論是面對面的相聚，還是視訊聚會，或是分批吃團聚飯，讓我們這些長輩能親親孩子、親親孫兒，好嗎？ ————————————

18

拒絕父母的「一番好意」

—

婆媳之間的距離

RESOLVING CONFLICTS

羅乃萱

—

" 他是否願意挺身而出，協助化解父母對配偶的不滿，更懂得以四兩撥千斤來處理雙方的衝突？ "

　　婚姻關係中，最難搞的其中一環就是姻親關係。那是跟另一半的家人，也就是與岳父岳母或老爺奶奶之間的關係。

　　通常結了婚，我們都會改口喊另一半的父母做「爸爸媽媽」（或「老爺奶奶」）。但事實上，他們不是我們的親生父母，可能並不了解我們，更不知道我們的原生家庭。有些姻親甚至可能覺得我們是「搶走」了他們兒子或女兒的人。

　　像她這陣子就跟我埋怨，說老爺奶奶介入她的家庭。「我們住的房子是他們給的，所以有鑰匙可以隨時開門進來，從不知會一聲。」尤有甚者，是他倆每個星期都買很多食品食物到她家，她已多次婉拒說：「不用了，我們實在吃不完啊！」但兩老還是照買如儀。

　　最近讀到一本名為《有毒姻親》(*Toxic-in-Laws: Loving Strategies for Protecting Your Marriage*)的書，作者蘇珊·佛沃 (Susan Forward) 和唐娜·費瑟 (Donna Frazier) 談到

五種有毒姻親的類型：

1. **挑剔型**：愛雞蛋裏挑骨頭，不管你跟伴侶出現甚麼問題，都認定是你的錯。
2. **吞噬型**：要跟他們保持密切的關係，不能稍一鬆懈。
3. **控制型**：總覺得他們的孩子仍未長大似的，沒有能力應付家庭的大小事宜，常會介入干涉。
4. **脫序型**：自己控制不了個人的情緒，經常製造混亂，大大影響兒女跟配偶的關係。
5. **排擠型**：無論你怎樣努力投入，他們還是覺得你不屬於這個家，是一名「外人」。

　　作者還說，這些姻親關係還包括雙方親近的家人。面對這種難纏的三角關係時，關鍵人物是你的另一半。他是否願意挺身而出，協助化解父母對配偶的不滿，更懂得以四兩撥千斤來處理雙方的衝突？

　　「那你老公有出面解決問題嗎？」這才是上上策。「他有時也會拒絕父母的『一番好意』。」那就好了，他才是關鍵啊！

何志滌

—

66 對一位女性來説，嫁給一位有擔當、有責任感的男性比任何事都重要。 99

心理學家的調查統計顯示，在婆媳關係中，有三分之二的媳婦認為，婆婆抱持著「兒子有了媳婦就忘了媽」這種想法；有三分之二的婆婆認為，在媳婦眼中，她們似乎是多餘且被排斥的。

我深信，解決婆媳問題的關鍵在於以下兩點：

1. **善於調解**：身為丈夫、母親的兒子，絕對不能為了保持「好好先生」的形象而逃避面對婆媳之間的矛盾。坦白説，對一位女性來説，嫁給一位有擔當、有責任感的男性比任何事都重要。當婆媳之間出現問題時，老公要適時居中協調，更要替另一半出面説話，引導婆婆對她產生正面的觀感。不要丟下她一人獨自面對衝突，更不要因害怕母親大人生氣而叫她委屈求全、甚至認錯。因此，面對婆媳問題時，老公的角色相當關鍵！

2. **重視夫妻關係**：我要強調的是，這裏所指的夫妻關係不

僅包括你和你的配偶，也包括婆婆與公公之間的關係。在一個家庭中，「夫妻關係」的重要性位居首位，其次才是「親子關係」。假如婆婆與公公的關係良好，婆婆就不會將所有的注意力都集中在兒子身上。對婆婆來說，最愛和最重要的人應該是她的老公，而不是兒子。當她看到兒子找到所愛的人，她就會為到兒子和媳婦的美滿婚姻生活而感恩，這將有助減少婆媳間的矛盾。

人與人之間建立美好關係殊不容易，長期在同一屋簷下生活，關係有時會更為複雜！不過，只要我們理解自己的身分角色，懂得做好符合身分的事，並學會放手，我們就能有效地處理這些問題。最後，我要強調的是，配偶才是那位真正相伴一生和並肩同行的人，只要我們理解並接受這個最基本的前提，剩下的問題就變得相對容易處理了。

婆媳之間的距離

這天見到她一臉輕鬆跟我午餐，忍不住問她有何喜事。她得意的說：「我們終於可以搬走，不用跟奶奶一起生活了！」那真是天大的好消息！

記得她新婚初期，兩口子因經濟負擔不來的緣故，硬著頭皮跟奶奶同住。那些日子她壓力很大，因為老公是獨子，感覺自己像闖進了老公跟奶奶的「二人世界」。

那時就勸她：能搬就快搬。畢竟住在同一屋簷下，彼此的喜好、生活習慣都不同，很容易誤會叢生。很多時候婆媳間出現的爭執，如拖鞋的擺放，以至衣服怎樣摺與放，都是些雞毛蒜皮的小事，但誤會起來卻可以鬧得很僵。

還好，現在一切總算告一段落。

如果問，媳婦跟奶奶的距離到底要多遠？有人覺得愈遠愈好，起碼大家少見面就會少些衝突。我倒覺得這非良方，到底奶奶是老公的母親大人，怎可以這樣疏離。但若太近，朝見口晚見面也不妙。所以有建議說，住在同一區，大概十多分鐘車程就剛好。

不過婆媳關係的關鍵還是在男人身上。如果老公「識做」，不會偏幫某一方，跟太太在大事（或重大決定）上先有共識，才跟婆婆商量。如果公公仍在，有時跟他先商議，讓

公公跟婆婆轉述，可能更好。

倘若婆媳之間真的出現衝突，老公的角色就是嘗試擺平，不要讓衝突擴大成積怨，特別是奶奶對媳婦作出嚴厲批評時，老公更要挺身而出為太太護航，免得這毒根深種，成為婚姻的頭號殺手。如果說家家有本難唸的經，奶奶的那本經更加難唸。只是，若媳婦願意將勤補拙，努力去維繫彼此關係，丈夫又樂意配合的話，難度自然會大減。───

19

對另一半說
「我會永遠支持你！」

—

丈夫失業了，妻子可以怎樣面對？

BEING WITH

羅乃萱

—

「我會永遠支持你」這句話也曾出自我口。至今仍然覺得，這是女人對丈夫說的最動聽的情話！

中年的他正猶豫應否提早退休，眼見公司人才濟濟，長江後浪推前浪，他深知自己這股「前浪」有天定會被「後浪」趕上，但萬沒想到會這麼快、這麼急。更沒想到的是，將他推下台階的，是他一手提拔的小伙子。

這天他回到家中滿臉憔悴，一言不發。

她看出丈夫心事重重，只是善解「夫」意的她，並沒有窮追猛打追問，而是跑進廚房泡杯熱鐵觀音，遞到他眼前，說：「知道你心情不好，喝口茶吧！」

「唉，真想不到⋯⋯」他邊喝邊歎氣。

「辦公室發生甚麼事？可以說來聽聽嗎？」說時眼裏盡是體諒。他終於按捺不住，把事情始末和盤托出。

「他怎可這樣對你，這樣忘恩負義？」她聽著也生氣。因為她深知昔日他是何等疼愛這個門生，現在卻聽到他不但絲毫不感恩，還倒戈相向。「算了吧！我也老了，不中用了⋯⋯」他開始說晦氣話。

「不，老公！無論發生任何事，請記住：我會永遠站在你身邊，我會永遠支持你……」說著，她把他摟得緊緊的。因為她知道受傷的男人需要的不是理據和解釋，而是一個愛的擁抱。

　　這天見到她的眼眶滿是淚，向我訴說這樣一段近況，也暗暗為他倆擔憂，怎知她說：「就算老公真的被公司辭退，我總相信天無絕人之路，東家不打可以打西家，西家不請，我們可以用積蓄創業，一定有路行！」

　　「絕對是！」聽罷，不得不豎起大拇指，稱讚她的正面積極思維，正是老公最大的後盾。

　　「我會永遠支持你」這句話也曾出自我口。至今仍然覺得，這是女人對丈夫說的最動聽的情話！

何志滌

> ❝ 無論面對任何境況，都能按神的心意去「愛」和「敬重」對方，這樣便能夠維繫美好的婚姻關係。 ❞

使徒保羅説：「然而，你們各人都當愛妻子，如同愛自己一樣。妻子也當敬重她的丈夫。」（弗五33）這裏的「敬重」，意指尊敬、重視、尊榮，甚至包括了畏懼。但要了解這段經文的含義，必須先明白使徒保羅在以弗所書五章22至33節中所闡述的基督與教會的關係，以此來對比夫妻之間的關係。他強調丈夫是家庭的主導者，有責任引領妻子走向聖潔，這其中需要真理的教導和對妻子的愛護。因此，當妻子敬重丈夫時，意味著她接受丈夫的主導地位，配合他的帶領，並以恭敬的心提供必要幫助，尊榮丈夫，使他成為稱職的頭。

其實，使徒保羅強調妻子要敬重丈夫，正正是基於他對男人強烈自尊心的理解。曾聽説：「男人可承受多次失敗，但最怕的是自尊心受損。」那麼，怎樣才能受妻子敬重而不傷自尊？關鍵在於丈夫也必須學會「敬重」妻子。使徒

彼得說：「你們作丈夫的也要按情理和妻子同住（情理：原文是知識）；因她比你軟弱（比你軟弱：原文作是軟弱的器皿），與你一同承受生命之恩的，所以要敬重她。這樣，便叫你們的禱告沒有阻礙。」（彼前三 7）在這裏，使徒彼得所用的「敬重」這個詞，希臘文的意思是「了解、尊敬、珍惜和愛護」。丈夫對妻子的敬重，乃是以「愛」為核心。就如使徒保羅所說的：「你們作丈夫的，要愛你們的妻子，正如基督愛教會，為教會捨己。」（弗五 25）

婚姻是神所看重的，也是神在創造世界後確立的第一個制度。神對夫妻的心意是「二人成為一體」，既是一體，就需要彼此相愛和敬重。然而，由於男女始終有別，他們表達「愛」和「敬重」的方式也會有所不同。所以，每一對夫妻都應該將上述的經文牢記在心，無論面對任何境況，都能按神的心意去「愛」和「敬重」對方，這樣便能夠維繫美好的婚姻關係。

── **丈夫失業了，妻子可以怎樣面對？**

　　受疫情影響，不少商界都大幅裁員，在公司當了十多年客戶經理的他，很不幸地加入了失業大軍。每天的生活就是以打機來打發時間，要不就是對著電視機發呆，完全沒有心情跟兒子相處。

　　這天，她憂心忡忡的樣子，終於忍不住對我發牢騷了：「你看他！過往的自信都不知去了哪裏？叫他試試找工作總是那副懶懶閒的樣子，多講一句他就説：『現在這個家全靠你了，你最醒。』這類不堪入耳的話，怎辦？」

　　作為他的伴侶，可以做的事情起碼有以下幾樣：

1.　**伴他同行**：這時候他需要安靜思考未來去路，讓他好好去想，不要囉唆。這不是説不可以提問，但要適切，例如：「不如找老李看看，他好像失業後找到新工！」至於那種老媽口吻的責難：「一早跟你説有這樣的一天啦！」切忌出口。

2.　**正面解讀**：每個失業男人總有被解僱的原因。作為旁觀者，我們可以如何正面解讀呢？例如：「這是一個機會，讓我們想想人生下半場怎樣走！」「這是公司經濟出了問題，跟你能力無關。」「放心，家用可省些，支

持你！」等等，都是很給力的支持。

3. **好好休息，培養感情**：有些姊妹告訴我，在疫情與失業期間，會安排一些運動或行山的時間，跟老公出外親親大自然，讓他們重燃戀愛的感覺。

4. **善用人脈網絡**：這是最難一關，因男人愛面子，不想把失業現況公諸好友，太太可檢視自己的人脈圈子，跟一些可信任的好友分享情況，說不定能找到一個讓丈夫重新出發的機會。

5. **家庭溫暖**：外面無論風雨多大，家裏的溫暖都是對失業男人的最大支持。煮些他愛吃的、跟他看勵志電影，都是表達支持的方式。————————————

20

支持配偶的夢想

—

退休男人好難搞？

STILL DREAMING

羅乃萱

—

> 請千萬別讓配偶的夢想，深埋在柴米油鹽與孩子的世界內，要讓夢想之火續燃，別被現實熄滅啊！

這些年，有幸拿到幾個與寫作有關的獎。在頒獎禮台上，我一定會多謝老公。因為沒有他的鼓勵支持，就不會有今日的我。

不瞞大家，我大學唸的是數學，因為父母反對我唸文科。好不容易抓到一個機遇，去台灣工作。就在一個聯區會議上，碰到了當時學生雜誌的主編，心中猶疑該否主動表白自己對寫作的意欲。

那刻，老公就跟我說：「快跟她說你的心願吧！可能這是你惟一的機會！」也在他的慫恿下，我厚著臉皮跟對方表達想學習寫作的初衷。沒想到這樣的一腔熱誠，對方竟然受落。站在信仰的角度來講，我視之為上帝的恩典與安排。

往後的日子，我努力地寫（畢竟我的中文程度只有中五），遇到不認識的課題，如怎樣做採訪，都會毫不避諱地去問，也買了幾本優質的採訪文學來讀。就是這樣，我步入

了寫作行列。

一直感激外子，因為深知我的脾性，從沒要求我當「家庭主婦」。就算女兒出生後，他也會跟我平分家務。更重要的是，他一直鼓勵我去追尋個人夢想。沒想到在拜讀喜愛的日本女作家曾野綾子的文章時，看到她的丈夫也在做同樣的事。曾野綾子的先生常說：「我不能妨礙老婆去追逐夢想。」雖然她在揣摩先生為何容許她去追逐夢想，是因為現實的考量，就是「他不希望我凡事依賴丈夫，過著美麗卻又柔弱的人生」。

外子也是如此，雖然彼此是夫妻，但各自有自己的朋友，也有個人的夢想。他一直認為，丈夫該有丈夫的夢想與事業，太太也該有自己的，不能老要求一方放棄來成就另一方。他深深相信，夫妻二人該有各自的夢想與空間，婚姻生活才會美滿。

我完全同意。所以在他鼓勵我追逐夢想的同時，我也嘗試觀察和鼓勵他，讓他也可以成就夢想。

原來，他的第一個夢想是寫書。我就從旁多方鼓勵，如讓他有機會寫專欄，跟我合著一題兩寫的婚姻書。他也慢慢愛上寫作，現在每個早上，都是他在寫他的臉書靈修分享，

我在寫我的臉書十訣。

　　但怎也猜不透的是，他竟也愛上繪畫。幾個月前，他偷偷拜師學畫，有天出奇不意把畫作給我看，畫工之細膩，真讓人豎起拇指連連讚好。直到最近，他的新書出版，夢想成真，那種興奮雀躍，比自己出書更甚。

　　所以，請千萬別讓配偶的夢想，深埋在柴米油鹽與孩子的世界內，要讓夢想之火續燃，別被現實熄滅啊！

何志滌

—

❝ 我並不是「退休」，而是 RETIRE。 **❞**

自 2018 年 10 月從「主任牧師」的崗位退下來以後，我最常聽到的評論是：「你根本沒有退休，反而比以前還忙。」其實，「退休」這個詞在許多人心目中意味著「退下來休息」，似乎不應再忙於事奉。我的回應是，因為我並不是「退休」，而是 retire，即「換上新的輪胎」的意思，只要車子本身沒有問題，換上新的輪胎後，它仍然可以在馬路上繼續行駛。

既是換上新的輪胎，除了放下教會的行政工作，我同時也退出了過去在多個福音機構的崗位角色。頓時，我真的有種「休息」的感覺。但是，我向神祈禱說：「我只是換了輪胎，我知道祢一定還有新的使命給我。」感謝神，經過大約半年的等候，神真的帶領我進入新的人生賽道，讓我走出教會，進入職場。神讓我嘗試很多新的服事方式，例如：香港電台的直播節目「三個男人一個墟」、加拿大華僑之聲的兩個節目「點滌萱中情」和「點滌人生」、出版一本關於

「父親」的新書、在職場和學校分享關於父親角色的講座等。這些對我來說都是嶄新的嘗試，提醒我要繼續學習謙卑的功課，並把所有榮耀歸給神。

我喜歡 retire，因為這樣我可「忘記背後」，不讓過去的成功或失敗左右我前進的步伐，同時也可「向著標竿直跑」，就是按著神的心意，繼續努力完成神給我的使命。這樣的 retire 不是更精彩嗎？

恩愛
錦囊

<h1>退休男人好難搞？</h1>

友人的老公退休了，難怪這陣子沒有接到她的電話，想約她出來吃個午餐，她都推三推四。終於忍不住打電話問個究竟。

「老公退休了，可以跟你每天朝夕相對，開心嗎？」「唉！他整天不出街，留在家裏追電視劇，要不就坐在梳化睡懶覺。我想上街逛逛，他總是叫我留家陪他……我快喘不過氣了！」

聽得出她語氣中的不滿，原來退休的老公好難搞，她還說兩口子「屈」在家中，一言不合就會起衝突。吵的都是小事，如退休的他覺得收入減少，對她逛街購物強烈表達不滿，又或每天起來後去哪裏做甚麼都可以是執拗的理由。

退休男人為何難搞？因為他跟太太的步伐很不一致。男人退休時，恰恰是女人最自由的時光，皆因子女或已成家立室（或離家自住），女人不用再為兒女操勞，正是可以「展翅飛翔」，約閨密聚聚，或者外出上課進修，或回到職場做兼職等等。偏偏碰到老公回歸家庭，變成一個不折不扣的「管妻公」，會主動干預妻子的自由，所謂「難搞」就是這個意思。

最近讀到一本有趣的書《老公被退休了！：從財務管

理、夫妻關係、再次就業的迷惘不安趨向平緩的 49 種解決方案》（健行文化，2020），該書由一位太太以親身經歷，分享如何應對退休老公的一些板斧。書中提到退休夫妻間可以怎樣好好相處的基本態度有三：一、互不干涉對方想要的生活；二、培養共同興趣；三、夫妻間也要有屬於自己的時間。

　　我覺得最重要的是「培養共同興趣」，大家志趣相投，自然話題多。像最近沉迷乒乓球的他與她，閒來約好友切磋球技，跟我見面也是大談乒乓之道。真希望她跟他也找到共同興趣，那時她自會發現退休的老公原來是最好的玩伴呢！─────────────────